让移动设计更简单 Sketch 3

操作指南与实战详解

郑成云◎编著

電子工業出版社
Publishing House of Electronics Industry
北京•BEIJING

内 容 简 介

本书以 Sketch 的基本操作为基础，用一系列生动可行的教学案例，让初学者可以快速掌握 Sketch 的基本功能和操作技巧。本书示例丰富、步骤清晰，与移动设计实践紧密结合，讲解中融入了实践中的各种创意思路，每章包括“介绍”、“Sketch 设计”以及“小常识”部分，便于读者自学，在介绍知识点时通过具体的实例，让读者深入理解。

本书特别适合移动设计师以及移动互联网产品经理阅读。

图书在版编目（CIP）数据

让移动设计更简单：Sketch 3 操作指南与实战详解 / 郑成云编著. —北京：电子工业出版社，2015.11

ISBN 978-7-121-27410-7

Ⅰ. ①让… Ⅱ. ①郑… Ⅲ. ①图象处理软件 Ⅳ.①TP391.41

中国版本图书馆 CIP 数据核字(2015)第 246590 号

策划编辑：牛　勇　　官　杨

责任编辑：徐津平

印　　刷：北京市大天乐投资管理有限公司

装　　订：北京市大天乐投资管理有限公司

出版发行：电子工业出版社

北京市海淀区万寿路 173 信箱　邮编 100036

开　　本：787×980　1/16　印张：13.25　字数：227 千字

版　　次：2015 年 11 月第 1 版

印　　次：2015 年 11 月第 1 次印刷

定　　价：58.00 元

凡所购买电子工业出版社图书有缺损问题，请向购买书店调换。若书店售缺，请与本社发行部联系，联系及邮购电话：（010）88254888。

质量投诉请发邮件至 zlts@phei.com.cn，盗版侵权举报请发邮件至 dbqq@phei.com.cn。

服务热线：（010）88258888。

前言

Sketch 是一款矢量绘图应用。矢量绘图也是目前进行网页——特别是移动应用设计、图标，以及界面设计的最好方式。对于大多数的互联网产品设计工作，Sketch 能替代 Adobe Photoshop，Illustrator 以及 Fireworks。

本书共 36 章，为读者提供循序渐进的学习过程，读者可以通过仔细学习和反复练习来掌握 Sketch 的操作技巧。本书示例丰富，步骤清晰，与实践结合紧密，各章内容具体如下。

第一部分为基础部分，主要有：

第 1 章介绍 Sketch 应用的总体情况。

第 2 章介绍界面及其运用，主要包括图标说明、画布、检查器、图层列表，以及工具栏。

第 3 章介绍图层及其运用，主要包括添加图层、选择图层、移动图层、调整大小，以及编辑图层。

第 4 章介绍图形及其运用，主要包括编辑图形、布尔运算、变形工具、蒙版、剪刀工具、复制旋转，以及铅笔工具。

第 5 章介绍文本及其运用，主要包括文本检查器、文本渲染、共享式样、文本路径，以及文本转化为轮廓。

第 6 章介绍图片及其运用，主要包括位图编辑，以及色彩校正。

第 7 章介绍符号及其运用，主要包括创建符号、排除文本、管理符号，以及交换符号。

第 8 章介绍式样及其运用，主要包括式样概述、填充、边框、阴影、色彩、渐变，以及共享式样。

第 9 章介绍编组及其运用，主要包括概述、画板，以及页面。

第 10 章介绍画布及其运用，主要包括像素缩放、标尺、参考线、网格，以及测量。

第 11 章介绍导出及其运用，主要包括导出图层、切片、文件格式、画板导出、CSS 样式，以及打印。

第 12 章介绍导入功能。

第 13 章介绍设置，主要包括通用设置、画布设置，以及图层设置。

第 14 章介绍 Sketch 的性能。

第 15 章介绍 Sketch 镜像及其运用。

第 16 章介绍 Sketch 工具箱，并介绍了主要的几款插件。

第 17 章介绍快捷键，主要有通用快捷键、插入图层快捷键，以及移动和编辑图层快捷键。

第二部分为实战篇，主要有：

第 18 章介绍指示器及其设计，主要包括指示器介绍、Sketch 设计，以及小常识。

第 19 章介绍提醒对话框及其设计，主要包括提醒对话框介绍，以及 Sketch 设计。

第 20 章介绍按钮设计，主要包括按钮介绍、Sketch 设计，以及小常识。

第 21 章介绍标签栏设计，主要包括标签栏介绍、Sketch 设计，以及小常识。

第 22 章介绍导航栏设计，主要包括导航栏介绍，以及 Sketch 设计。

第 23 章介绍工具栏设计，主要包括工具栏介绍、Sketch 设计，以及小常识。

第 24 章介绍文字标签设计，主要包括文字标签介绍，以及 Sketch 设计。

第 25 章介绍列表设计，主要包括列表介绍、Sketch 设计，以及小常识。

第 26 章介绍滚动视图设计，主要包括滚动视图介绍，以及小常识。

第 27 章介绍选择器设计，主要包括选择器介绍、Sketch 设计，以及小常识。

第 28 章介绍搜索栏设计，主要包括搜索栏介绍，以及小常识。

第 29 章介绍进度条视图设计，主要包括进度条视图介绍、Sketch 设计，以及小常识。

第 30 章介绍滑杆设计，主要包括滑杆介绍、Sketch 设计，以及小常识。

第 31 章介绍分段选择器设计，主要包括分段选择器介绍、Sketch 设计，以及小常识。

第 32 章介绍用户界面设计，主要包括用户界面介绍，以及 Sketch 设计。

第 33 章介绍朋友列表设计，主要包括朋友列表介绍、Sketch 设计，以及小常识。

第 34 章介绍设置界面设计，主要包括设置界面介绍，以及 Sketch 设计。

第 35 章介绍分享界面设计，主要包括分享界面介绍、Sketch 设计，以及小常识。

第 36 章介绍图片浏览设计，主要包括图片浏览介绍，以及小常识。

本书结构清晰，图文并茂，强调实用性、可操作性，以及指导性，读者可以按照示例直接设计。本书尽量使用最简单、准确的语言词汇叙述，讲解通俗易懂，由浅入深，适合 Sketch 的初学者学习。

最后，感谢在本书出版过程中给予帮助建议的朋友。在本书创作的过程中，错误在所难免，希望广大读者批评指正。

目录

第 1 部分 Sketch 基础

第 1 章 Sketch 介绍（Introduction）/ 002

第 2 章 界面（The Interface）/ 003

2.1 图标说明（Icon Introduce） / 004
2.2 画布（Canvas） / 006
2.3 检查器（Inspector） / 008
2.4 图层列表（Layer List） / 011
2.5 工具栏（Toolbar） / 015

第 3 章 图层（Layers）/ 016

3.1 添加图层（Adding Layers） / 016
3.2 选择图层（Selecting Layers） / 019
3.3 移动图层（Moving Layers） / 021
3.4 调整大小（Resizing Layers） / 022
3.5 编辑图层（Editing Layers） / 025

第 4 章 图形（Shapes）/ 026

4.1 编辑图形（Editing Shapes） / 026

4.2 布尔运算（Boolean Operations） / 031
4.3 变形工具（Transform） / 034
4.4 蒙版（Masking） / 034
4.5 剪刀工具（Scissors） / 036
4.6 复制旋转（Rotate Copies） / 036
4.7 铅笔（Pencil） / 038

第 5 章 文本（Text） / 039

5.1 文本检查器（Text Inspector） / 040
5.2 文本渲染（Rendering） / 041
5.3 共享式样（Shared Style） / 044
5.4 文本路径（Text on Path） / 046
5.5 文本转化为轮廓（Convert To Outline） / 046

第 6 章 图片（Images） / 047

6.1 位图编辑（Bitmap Editing） / 047
6.2 色彩校正（Color Adjust） / 048

第 7 章 符号（Symbols） / 049

7.1 创建符号（Creating Symbols） / 049
7.2 排除文本（Exclude Text） / 050
7.3 管理符号（Organising Symbols） / 050
7.4 交换符号（Swapping Symbols） / 051

第 8 章 式样（Styling） / 053

8.1 式样概述 / 053
8.2 填充（Fills） / 056
8.3 边框（Borders） / 058
8.4 阴影（Shadows） / 061
8.5 模糊（Blur） / 062

8.6 色彩（Color） / 062
8.7 渐变（Gradients） / 063
8.8 共享式样（Shared Style） / 067

第 9 章 编组（Grouping） / 068

9.1 编组（Groups） / 068
9.2 画板（Artboards） / 069
9.3 页面（Pages） / 073

第 10 章 画布（Canvas） / 074

10.1 像素缩放（Pixel Zoom） / 074
10.2 标尺、参考线、网格（Rulers，Guides，Grids）/ 075
10.3 测量（Measuring） / 078

第 11 章 导出（Exporting） / 081

11.1 导出图层（Exporting Layers） / 081
11.2 切片（Slices） / 083
11.3 文件格式（File Formats） / 086
11.4 画板导出（Artboards） / 086
11.5 CSS 式样（CSS Attributes） / 087
11.6 打印（Printing） / 088

第 12 章 导入（Importing） / 089

第 13 章 设置（Preferences） / 090

13.1 通用设置（General） / 090
13.2 画布设置（Canvas） / 091
13.3 图层设置（Layers） / 091

第 14 章 性能（Performance） / 093

第 15 章 Sketch 镜像（Sketch Mirror） / 095

第 16 章 Sketch 工具箱（Sketch Toolbox）/ 097

第 17 章 快捷键（Shortcuts）/ 102

17.1 通用快捷键（General Shortcuts） / 102
17.2 插入图层快捷键（Inserting Layers） / 102
17.3 移动和编辑图层（Moving and Resizing Layers） / 103

第 2 部分 实战篇

第 18 章 指示器（Activity Indicator）/ 106

18.1 指示器介绍 / 106
18.2 Sketch 设计 / 108
18.3 小常识 / 111

第 19 章 提醒对话框（Alert View）/ 113

19.1 提醒对话框介绍 / 113
19.2 Sketch 设计 / 114

第 20 章 按钮（Button）/ 120

20.1 什么是按钮 / 120
20.2 Sketch 设计 / 122
20.3 小常识 / 122

第 21 章 标签栏（Tab Bar）/ 124

21.1 标签栏介绍 / 124
21.2 Sketch 设计 / 125
21.3 小常识 / 129

第 22 章 导航栏（Navigation Bar）/ 131

22.1 导航栏介绍 / 131
22.2 Sketch 设计 / 132

第 23 章 工具栏（Tool Bar）/ 140

23.1 工具栏介绍 / 140
23.2 Sketch 设计 / 141
23.3 小常识 / 141

第 24 章 文字标签（UILabel）/ 142

24.1 文字标签介绍 / 142
24.2 Sketch 设计 / 142

第 25 章 列表（Table）/ 148

25.1 列表介绍 / 148
25.2 Sketch 设计 / 151
25.3 小常识 / 155

第 26 章 滚动视图（ScrollView）/ 157

26.1 滚动视图介绍 / 157
26.2 小常识 / 158

第 27 章 选择器（Picker）/ 160

27.1 选择器介绍 / 160
27.2 Sketch 设计 / 162
27.3 小常识 / 165

第 28 章 搜索栏（Search Bar）/ 166

28.1 搜索栏介绍 / 166
28.2 小常识 / 169

第 29 章 进度条视图（Progress）/ 170

29.1 进度条视图介绍 / 170
29.2 Sketch 设计 / 172
29.3 小常识 / 173

第 30 章 滑杆（Slider）/ 174

30.1 滑杆介绍 / 174
30.2 Sketch 设计 / 176
30.3 小常识 / 179

第 31 章 分段选择视图（Segment）/ 181

31.1 分段选择视图介绍 / 181
31.2 Sketch 设计 / 182
31.3 小常识 / 182

第 32 章 用户界面（User Profiles）/ 184

32.1 用户界面介绍 / 184
32.2 Sketch 设计 / 184

第 33 章 好友列表（Friend List）/ 188

33.1 好友列表介绍 / 188
33.2 Sketch 设计 / 188
33.3 小常识 / 191

第 34 章 设置界面（Settings）/ 192

34.1 设置界面介绍 / 192
34.2 Sketch 设计 / 192

第 35 章 分享界面（Share）/ 197

35.1 分享界面介绍 / 197
35.2 Sketch 设计 / 197
35.3 小常识 / 198

第 36 章 图片浏览（Image Browse）/ 199

36.1 图片浏览介绍 / 199
36.2 小常识 / 199

第 1 部分

Sketch基础

让移动设计更简单，为移动设计而生。
这一部分，详细介绍 Sketch 的每个功能和使用方法，
全面了解 Sketch。

第 1 章

Sketch 介绍（Introduction）

Sketch 是一款矢量绘图应用。矢量绘图也是目前进行网页——特别是移动应用设计、图标，以及界面设计的最好方式。除了矢量编辑的功能之外，Sketch 同样添加了一些基本的位图工具，比如模糊和色彩校正。

本书尽力让 Sketch 易于理解，有经验的设计师花上几个小时便能将 Sketch 运用自如。对于大多数的互联网产品设计工作，Sketch 能替代 Adobe Photoshop，Illustrator 以及 Fireworks。

第2章 界面（The Interface）

Sketch 的界面主要由工具栏、检查器、图层、画板以及绘图区域组成。Sketch 的工具栏在界面顶部，包含设计中所需要的常用工具。检查器在界面的右侧，设计师可以在此调整已选择图层的参数。界面的左侧包含所有的图层和画板，绘画区在界面中间（图 2-1 所示为 Sketch 界面）。

图 2-1 Sketch 界面

Sketch 中没有浮动面板，而是在检查器中展现或者隐藏相应的属性设置。这样能保证设计者总是能够清晰地看到绘图区域。

2.1 图标说明（Icon Introduce）

Sketch 中有 60 多个工具，每一个工具都能够单独完成一项任务，设计过程中多是工具的综合运用。下面，给大家介绍 Sketch 中的工具。

Insert 插入：能够选择钢笔工具、铅笔工具、文本、图片、切片，画板、线条、箭头等工具，并使用这些工具进行设计。

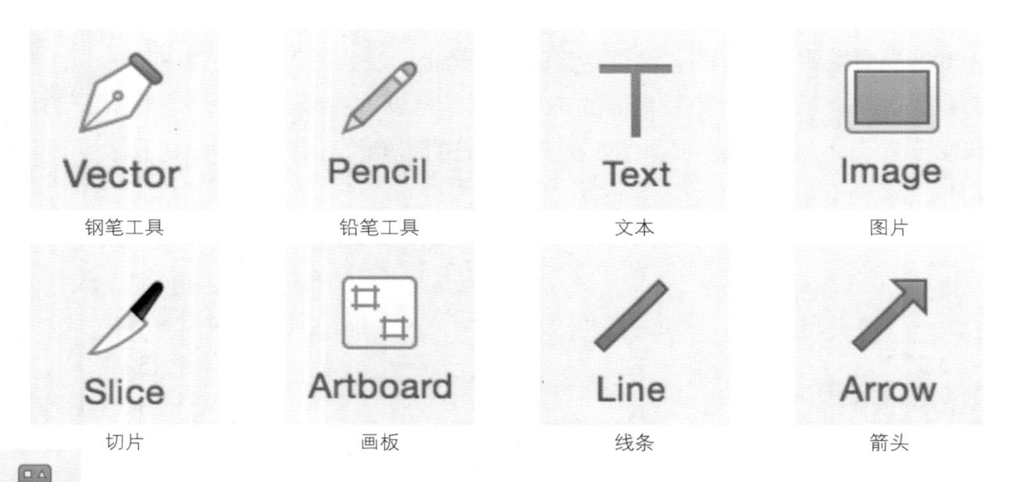

Shape 图形：图形中包含矩形、圆角矩形、圆形、三角形、多边形和星形。

Symbol
符号

Styled Text
文本式样

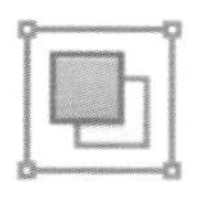
Group
组合

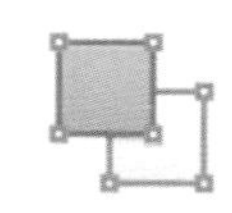
Ungroup
取消组合

Combine 布尔运算（联合）：包含合并、减去顶层、区域相交以及排除重叠。

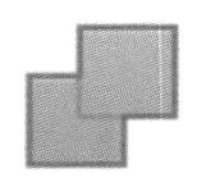
Union
合并

Subtract
减去顶层

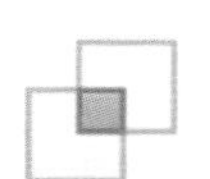
Intersect
区域相交

Difference
排除重叠

Forward
上移图层

Backward
下移图层

Tools
工具箱

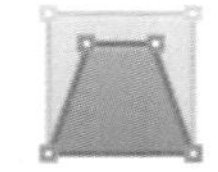
Transform
变形

Flatten
扁平化

Scissors
剪刀

Rotate Copies
复制旋转

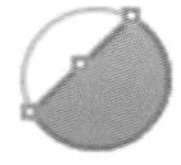
Edit
编辑

Rotate
旋转

Outlines
轮廓化文本

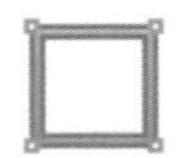
Vectorize Stroke
描边扩展

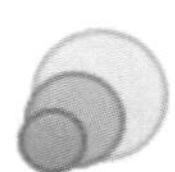
Scale
缩放

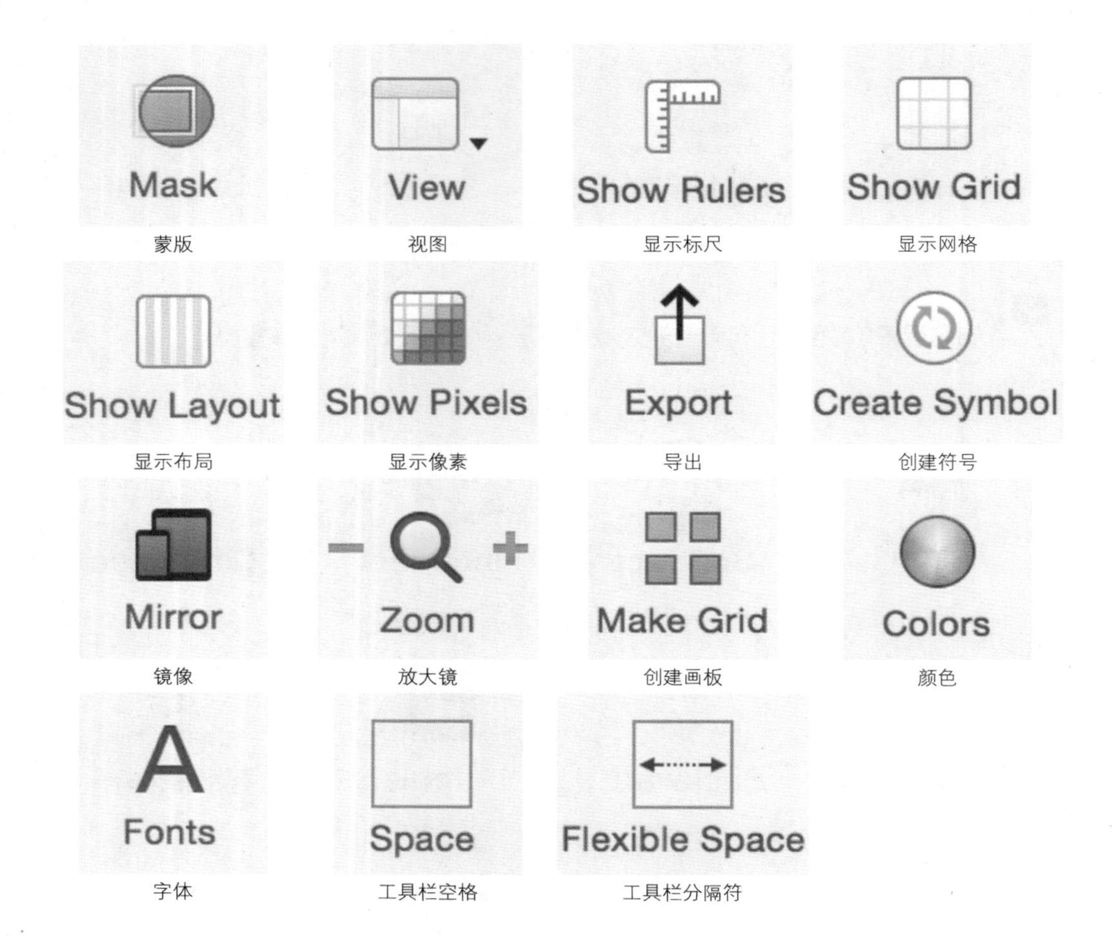

2.2 画布（Canvas）

Sketch 的画布能够无限延展，设计师拥有绝对的自由来使用画布。在设计移动应用界面时，很多设计师会为应用的每一屏都创建一个画板，然后排列出来以便查看。这样，设计师能够快速地查看当前设计中的界面。

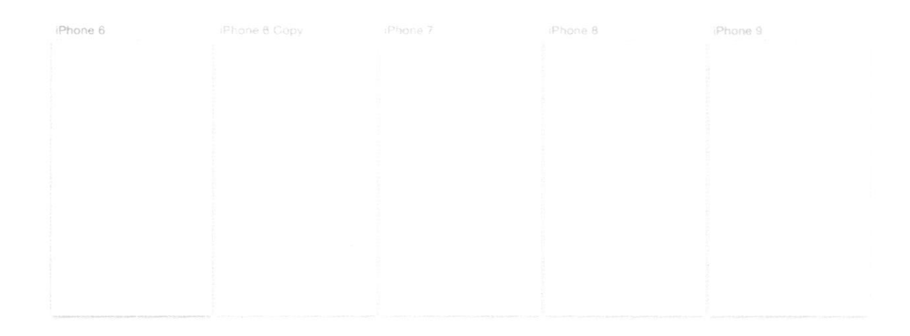

图 2-2 画布延展性

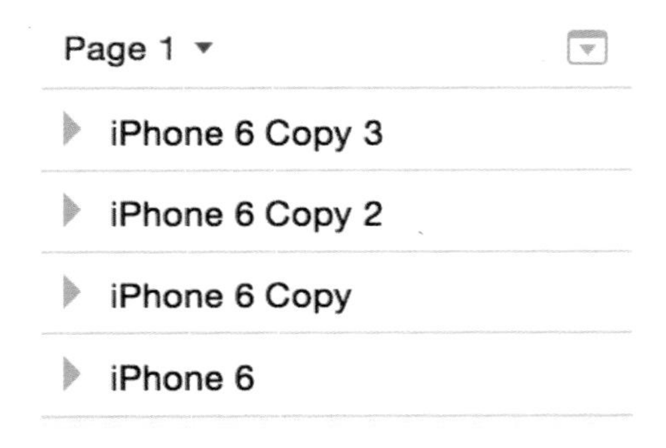

图 2-3 在图层和画板列表中的显示

设计师可以用无限精准的“分辨率无关模式”来查看画布，或者打开像素模式来查看每一个像素导出成 JPG 或者 PNG 文件。

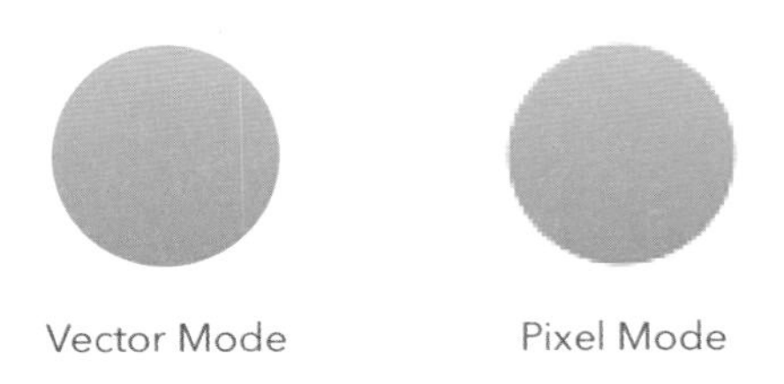

图 2-4 分辨率无关模式

注意，有些效果——比如模糊效果，会自动将画布的一部分以像素模式显示，因为模糊本身就是一个基于像素的效果。

2.3 检查器（Inspector）

Sketch 界面右侧的检查器显示正在编辑图层的属性，并且设计师可以通过检查器调整当前图层的属性。当选中一个图层时，检查器就会随之变化。检查器划分为几个区域：

通用属性（General Attributes）

通用图层式样在检查器的顶部，包括：图层位置坐标（Position）、长宽大小（Size）、旋转角度（Rotate）、圆角大小（Radius）、混合模式以及几个特殊选项（取决于图层类型），比如调整矩形圆角和多边形的不同点模式。

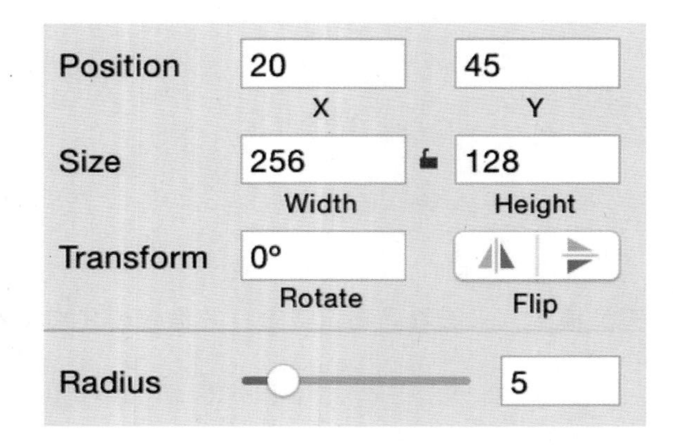

图 2-5 通用属性面板

式样属性（Style Attributes）

边框和填充属性都有独自的编辑区域。

要添加一个新的填充或者边框，设计师可以勾选式样属性区域右上方的“+”新建一个。创建之后，具体的属性也会显示出来。属性有填充颜色（Fill）、混合模式（Blending）以及不透明度（Opacity）。

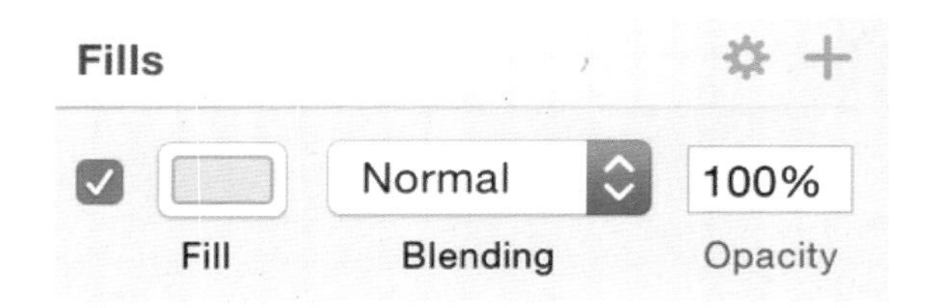

图 2-6 填充式样属性

添加新的填充或者边框，当设计师选择颜色的时候，会弹出一个颜色适配器。

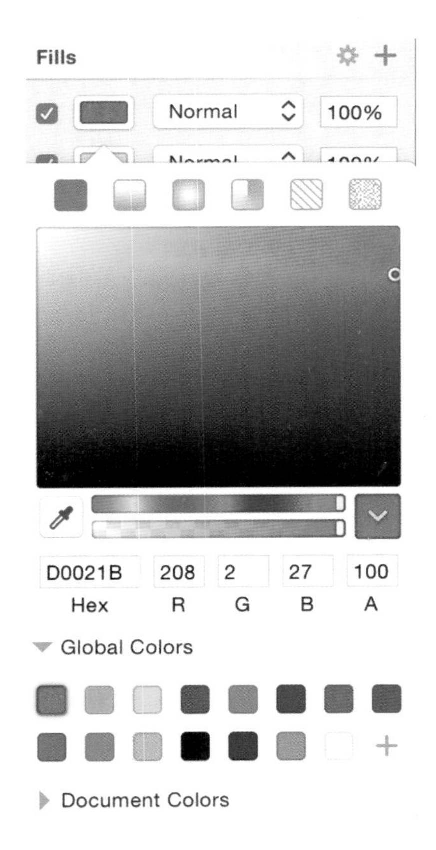

图 2-7 填充式样属性颜色适配器

在检查器的左边通过勾选，开启 / 关闭任意填充或者边框。当一个或者更多填充 / 边框关闭的时候，设计师可以单击右上角的“垃圾箱”图标将其删除。

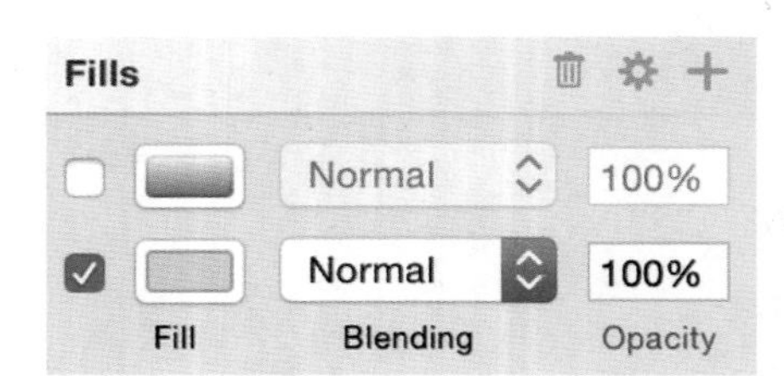

图 2-8 填充式样属性勾选与删除

也可以单击“设置”图标，来改变每个填充 / 边框的选项。

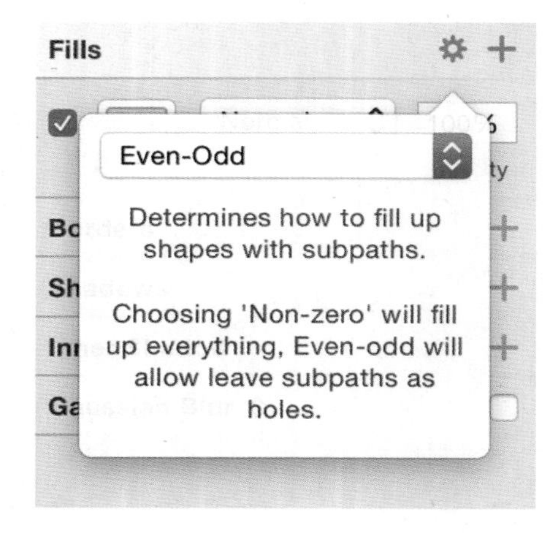

图 2-9 填充式样属性设置

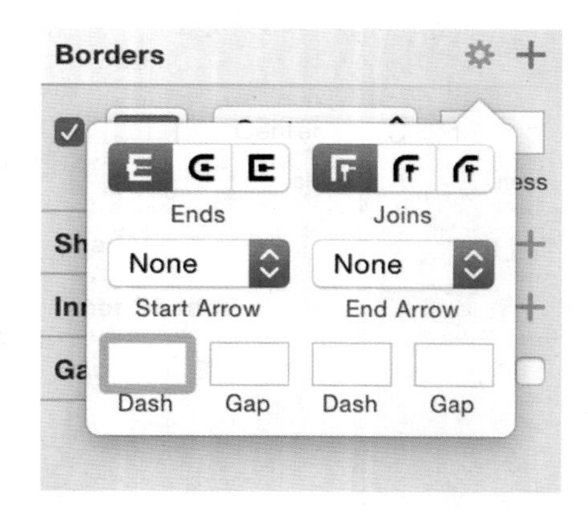

图 2-10 边框式样属性设置

2.4 图层列表（Layer List）

图层列表列出了当前画布中画板的所有图层（包括切片和画板），每个图层都会有一个小小的图标预览。在这里可以查看图层是否被锁定、是否可见、是否使用蒙版或标记为可导出。还可以重新排列图层，或者给图层添加布尔运算，比如减去顶层形状。也能够对图层进行建组或者重命名。这些在随后的章节中都会提到。

图 2-11 图层列表

多页面操作（Multiple Pages）

Sketch 支持多页面操作，可以单击图层列表上的按钮切换到其他页面（或者用键盘上的 Page Up / Page Down 键来切换）。图层列表始终只会显示当前页面的图层。

图 2-12 页面指示器

要添加 / 删除页面，或者在页面中添加图层，可以展开 / 缩回页面列表，单击“+”图标新建页面。

图 2-13 新建页面

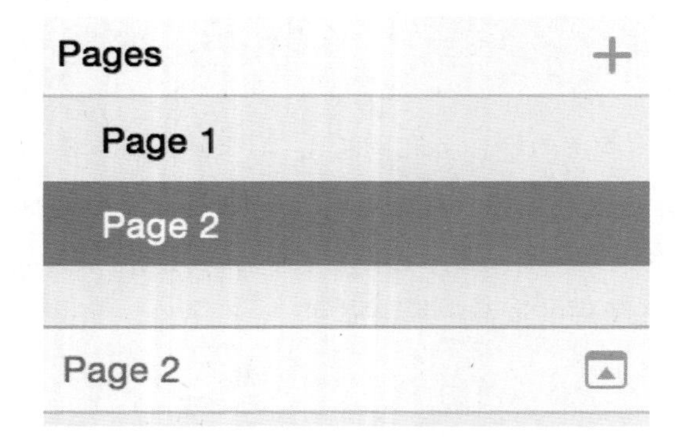

图 2-14 选择页面

或者选中页面，按“Delete”键删除页面。单击鼠标右键，能够看到删除页面选项，通过其中的选项也能够复制页面。

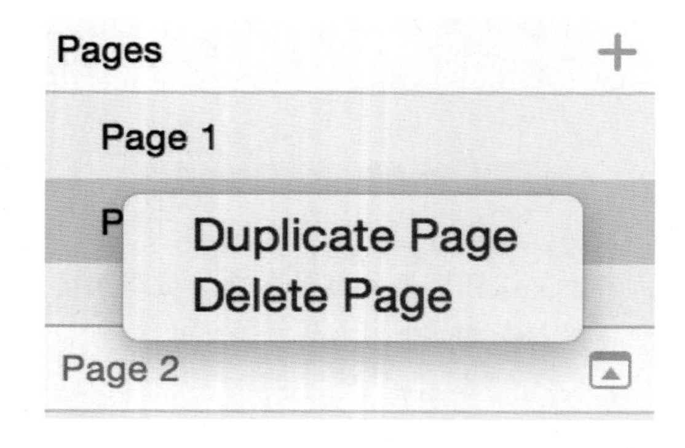

图 2-15 删除页面

可以通过拖动操作改变页面的顺序，也可以从一个页面拖动图层至另外一个页面。

画板（Artboards）

默认情况下，在画布中的白色背景区域便是画板，一个画板不能被嵌入 / 拖入到另一个画板。

图 2-16 画板

蒙版（Masks）

在图层列表里，那些使用了蒙版的图层名前会显示一个实心灰色小点，它的蒙版则是底下紧接着不带小点的图层。相关内容，会在本书 4.4 节中介绍。

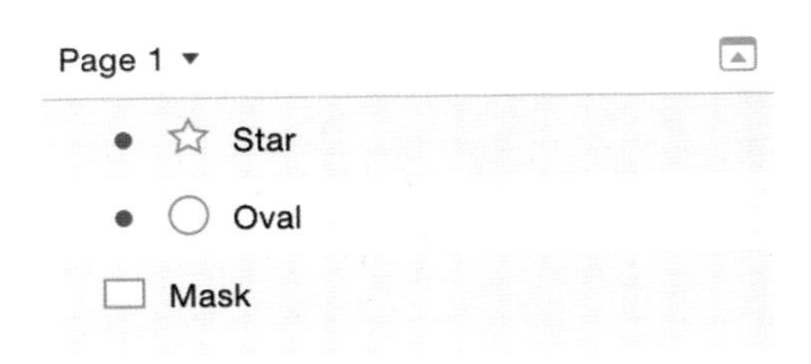

图 2-17 蒙版

布尔运算（Boolean Operations）

每个图形都可以包含多个子路径，它们会以组的形式呈现在图层列表中，伴随一个下拉箭头显示具体的子路径。每一层子路径都可以单独设置布尔运算，决定和它的下一图层以什么方式组合。图层列表能清晰地展现子路径的组合方式，同时方便设计师随时调整、更改。相关内容，会在本书 4.2 节中介绍。

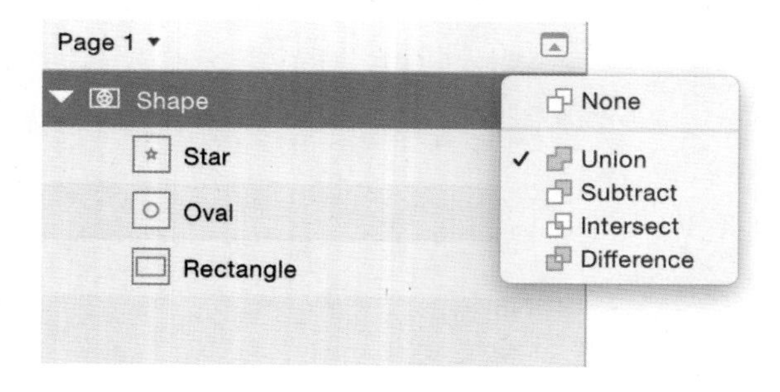

图 2-18 布尔运算

符号和共享式样（Symbols and Shared Styles）

符号是一种特殊的组，能够重复利用，可以出现在一个文档的一个或者多个画板中。但是要注意在一个或者多个画板中使用，需要根据页面实际情况进行调整。在图层列表中，符号会显示为紫色文件夹——正常编组则是蓝色的文件夹。相关内容，会在本书第 7 章中介绍。

共享式样下，多个对象（图形以及文本）的式样能够保持一致。如果一个图形或者一段文本使用了共享式样，预览小图标会显示成紫色，而不是常规情况下的灰色。相关内容，会在本书 5.3 节中介绍。

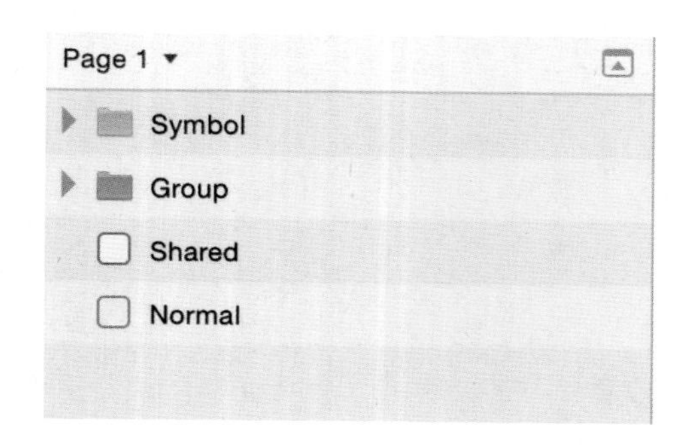

图 2-19 符号与共享式样

2.5 工具栏（Toolbar）

不同于其他绘图应用，Sketch 把常用工具放在顶端的工具栏中，而不是垂直排列的工具箱中。Sketch 的工具栏包含设计中的常用工具。可以自定义工具栏，使设计更加高效。通过右击工具栏，进入“定制工具栏”（Customize toolbar…）对话框来添加工具和快捷键。

在默认工具栏中，第一组工具是用来添加新图层的，包括图形、图片、符号等。

图 2-20 工具栏

编组（Group）和取消编组（Ungroup）能让设计师有条理地组织文件。接下来的几个工具都是用来编辑现有图层的：旋转（Rotate），变形（Transform），通过布尔运算来合并图层，以及在图层列表中上移或下移图层。

工具栏最后的导出（Export）按钮，同时也是一个切片工具，通过此工具能够导出一个或多个位图 / 矢量文件。

第 3 章 图层（Layers）

图层是Sketch中最基本的构成单位。在Sketch里，每个对象——包括图形、图片、文本等，都有自己的图层。Sketch 中“图层”和“对象”是一致的，这两个词是可以相互替换的。

3.1 添加图层（Adding Layers）

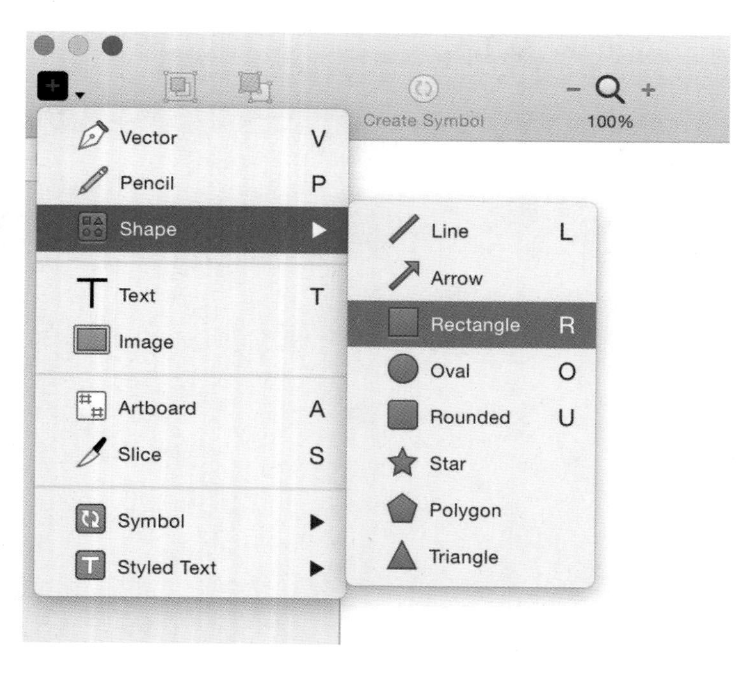

图 3-1 添加图层

从工具栏中选择一个图形来添加，是最快的添加图层的方式。比如选中矩形工具，光标会变成一个右上角有个小矩形的十字图案。这时设计师只需在画布上单击并拖动鼠标来添加想要的形状。松开鼠标键，随即完成这个矩形的绘制，并开始编辑它。

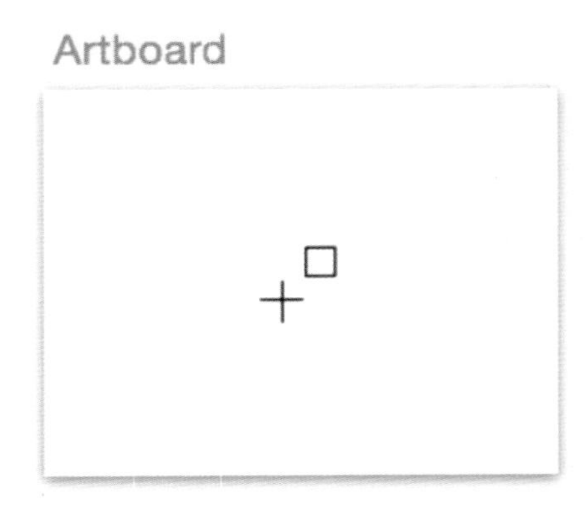

图 3-2 绘制矩形

高级选项（Advanced Options）

添加新图层是非常容易的，同时 Sketch 提供了几个快捷键来帮助设计师方便快捷地绘制。比如，设计师可以按住 shift 键来绘制等边图形。

图 3-3 绘制等边图形

按住 option 键可以从中心向外扩展来绘制图形，而不是从左上角开始绘制。

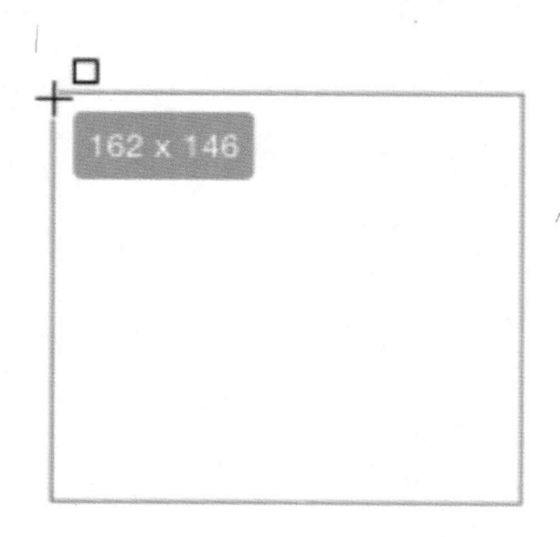

图 3-4 从中心绘制图形

想改变图形（以及画板）的起始点，只需要按住空格键，拖动图形（以及画板），这样将会修改起始点，而不是图形的大小。

图 3-5 改变图形（画板）的起始点

3.2 选择图层（Selecting Layers）

在 Sketch 中可以从画布中单击来选中图层，或者从图层列表中单击图层的名字，从而在画布中选择图层。如果该图层被选中，设计师可以看到选择框的四角和边框上会出现 8 个方形小手柄。

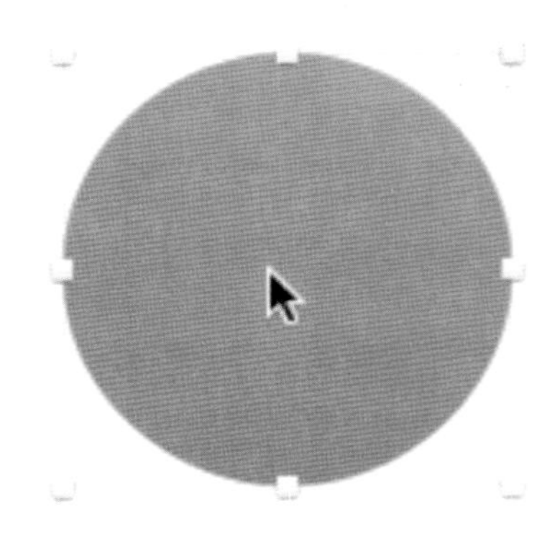

图 3-6 选择图形并出现方形小手柄

如果没看见这些小手柄，但设计师确信已经选中这个图层，可能是设计师不小心将手柄隐藏起来了（或者是没有开启显示选区手柄），可以通过视图 > 菜单栏，启用显示选区手柄（View > Show Selection Handles）。

选择多个图层（Selecting Multiple Layers）

设计师可以按住键盘上的 shift 键来同时选择多个图层。如果设计师按住 shift 键去单击一个已经选中的图层，则会取消选择它。

如果设计师在画布上任意空白点（非画板区域），或者在画板中任意空白点，单击并拖拽出一个矩形，则会选中这个矩形中的所有图层。设计师可以继续按住 shift 键或者 command 键来增加或者取消个别已经选中的图层。

如果设计师同时按住 option 键，则只会选中完全被包含在所选区域内的图层。对比下图，左边为 shift + 拖动，右边为 shift + 拖动 + option 键。

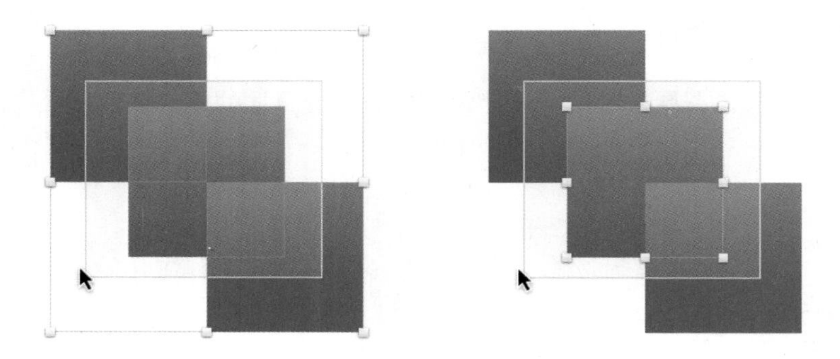

图 3-7 选择多个图形

重叠图层（Overlapping Layers）

为了让选择某一图层下的图层更容易，设计师可以右击鼠标，从菜单中选择“选择图层”（Pick Layer），便会显示出当前位置的所有图层列表。列表中会有图层相应的命名，可以通过移动鼠标来选择相应的图层。不过，最快的选择图层方式是从图层列表中选择。

需要注意的是：在 Sketch 2 里，从重叠图层中选择图层是通过快捷键 option + command 来实现的，在 Sketch 3.0 中被右击鼠标代替。

图 3-8 在重叠图层中选择图层

快速选择组中的图层（Quickly Selecting Layers in Groups）

通过编组能够方便地管理图层内容，有时还能预防无意义的编辑操作甚至是误操作。单击组，整个组会被视为一个图层，双击才会进入组内选择具体图形。也可以通过图层列表选择图层，按住 shift 键单击，则能选择多个图层。

当然，如果需要从较多编组层级中直接选中某一具体图层，设计师可以按住 command 键，来直接选择“埋”在组里的图层，不需要不停地双击以进入更深的层级，这样更快捷。

3.3 移动图层（Moving Layers）

可以选中任意图层，并拖动鼠标来移动。按住 Shift 键来拖动，则会让图层沿着垂直或者水平方向移动。

当设计师移动某一图层（或者修改尺寸）时，Sketch 会自动将它与相邻的图层对齐。如果没出现自动对齐，可能是参考线功能被关闭了，在“视图”菜单（View > Show Layer Guides）里启用显示参考线。标尺（Rule）、参考线（Guides）和网格（Grid）会在本书 10.2 节中单独来讨论。

先按住 option 键再拖动图层，会创建一个原图层的副本，原来的图层位置不变。接着按 command + D（Duplicate），Sketch 则会重复刚才的操作，复制出一个一样的图层。

移动一个被遮盖的图层（Moving an Obscured Layers）

另一个重叠图层让人头疼的地方，正常情况下，设计师单击并拖动一个图层，它会被立即选中，并移到新的位置。如果想移动一个完全在其他图层底下的图层，就会变得非常麻烦，因为会直接选中并移动最表面的图层。

要解决这个问题，设计师需要按住 option + command 组合键，再来单击需要的图层并移动它，甚至可以单击画布上完全不同的区域，Sketch 仍会保留之前的选区。

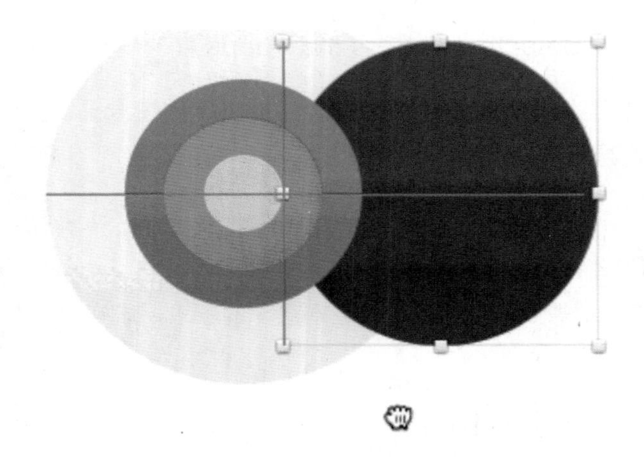

图 3-9 移动一个被遮盖的图层

3.4 调整大小（Resizing Layers）

前面提到过，当设计师选中一个图层的时候，会出现 8 个小手柄。8 个手柄不仅会向设计师指示出选区，还可以帮设计师修改图层的大小。如果按下 Shift 键，并拖动任一个手柄来调整，图层的长宽则会等比例变化。

图 3-10 拖动小手柄，等比例调整图形大小

拖动图形某一边中间的手柄会只调整该图形的长或宽，想要同时调整长和宽，则直接拖动图形的四角。如果按住 option 键并拖动小手柄，图层会以图形的中心点为基准改变整体大小。

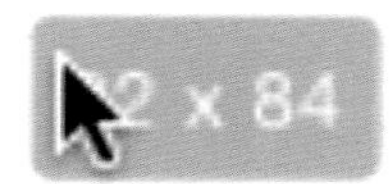

图 3-11 拖动小手柄，整体调整图形大小

键盘（Keyboard）

可以直接使用键盘按键调整图层大小，使用键盘能更好实现精确到像素的调整。按住 command（⌘）键和方向键来操作：⌘→会将图层宽度增加 1px，⌘←则会将宽度减少 1px，⌘↓和⌘↑则分别将高度减少和增加 1px。如果同时按住 shift 键，每一次更改的数值将会变成 10 px。

缩放（Scaling）

当改变一个图层的大小时，其式样不会随之变化：一个 10×10px 的图形 1px 的描边，在这个图形被拉伸至 50×50px 的时候，将仍保持 1px 的描边。要更改图层大小的同时一起更改式样，可以使用“编辑”菜单中的缩放工具。

Edit Insert Layer Type Arrang
Undo Remove Layer ⌘Z
Redo ⇧⌘Z
Cut ⌘X
Copy ⌘C
Paste ⌘V
Paste In Place ⇧⌘V
Paste and Match Style ⌥⇧⌘V
Duplicate ⌘D
Delete ⌫
Select All ⌘A
Scale...

图 3-12 从菜单中选择缩放工具

Scale Layers
Resizes the selected layers. Style attributes such as border thickness, shadow size etc will be scaled appropriately.

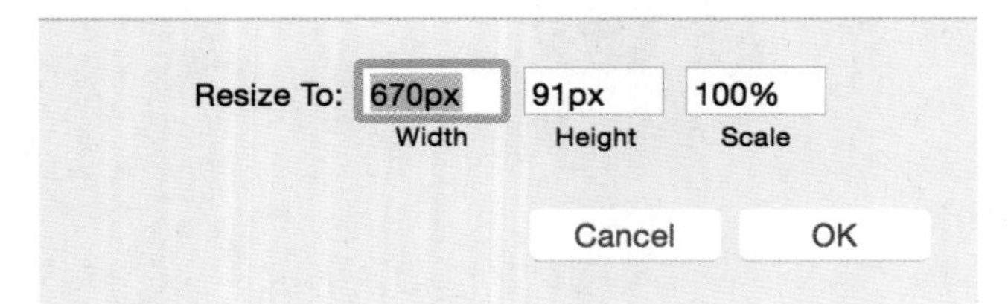

图 3-13 缩放工具展示面板

注意，使用鼠标进行缩放操作与使用“编辑”菜单中的缩放工具进行缩放操作，效果是不同的。

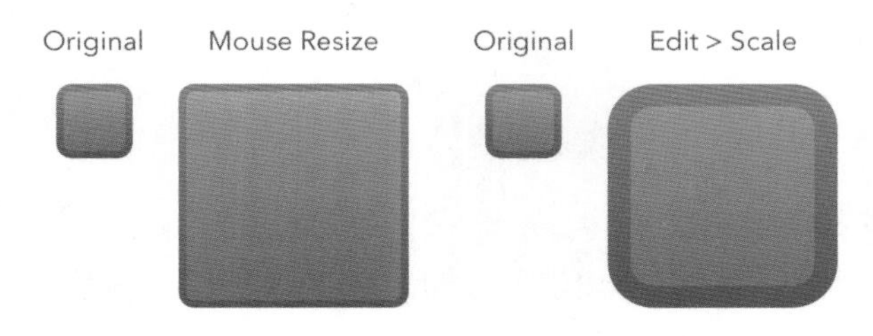

图 3-14 两种缩放操作的区别

3.5 编辑图层（Editing Layers）

双击一个图层，或者单击工具栏中的编辑按钮就能进入图层的编辑模式，接下来发生什么则取决于设计师想编辑的是什么类型的图层了。

可以单击图层外任一点，或者按下 return 键或 escape 键，来随时退出图层的编辑模式。

有关图形的相关内容，会在本书第 4 章中介绍。

有关图片的相关内容，会在本书第 6 章中介绍。

第 4 章

图形（Shapes）

图形是 Sketch 中最常见的图层。Sketch 中的基本图形有圆形、矩形、星型，等等。这些图形会有几个有趣的额外选项，比如星型和圆角矩形。

单击工具栏中的“添加”(Insert) > “图形”(Shape) 按钮，选择一个图形，便可以开始创作了。用鼠标在画板上拖放，Sketch 会提示这个图形的尺寸，松开鼠标键，便会成功添加图形。界面右边的检查器上也会立即显示出这个图形的相关信息，同时也会出现相应的额外选项 (如果有的话)。

额外选项（Extra Options）

有些图形会带来几个有趣的额外选项，经常遇到的便是星型和圆角矩形。设计师可以调整星型的半径和角的数量，也可以改变圆角矩形的圆角半径。

图形术语（Shape Terminology）

点是组成每一个图形的基本单位，它们会被直线或曲线连接成一条路径。一个图形可以包含一个或多个路径。多个路径则是通过布尔运算组合在一起的。大小两个圆，小圆被放置在大圆上把大圆“打”出一个洞，这个是布尔运算的相关内容，会在本书 4.2 节中介绍。

4.1 编辑图形（Editing Shapes）

每当绘制一个新的图形或是编辑一个现有的图形，都是在和点做交互，在画布中是 Sketch 将这些点连接起来的线。有时是直线，有时是曲线。

图 4-1 图形上的点

举个例子，先在工具栏上通过“添加 > 图形 > 矩形”（Insert > Shape > Rectangle）添加一个矩形。完成后双击它并开始编辑，会看见每个角上都会有一个小圆点，可以单击并拖动这些点来移动。单击图形边上任意点就可以添加新的点，要想删去某一个点，只需选中它，然后按 delete 健。

图 4-2 使图形上的直线变为曲线

如果想将一条直线变为曲线，先双击一个点，它的两侧会出现两个新的小手柄，它们分别控制这一点两边线条的弯曲程度。可以把这些小手柄理解为它们把线条朝自己的方向拉伸。

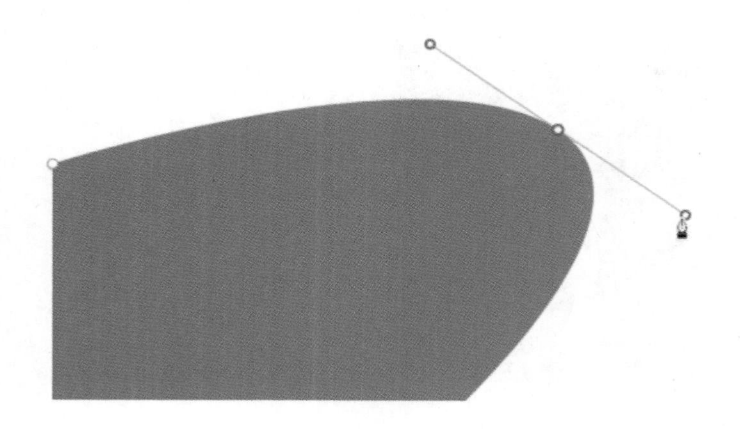

图 4-3 调整曲线弯曲程度

想深入了解在 Sketch 中如何控制点，请阅读 Peter Novell 的文章《在 Sketch 中掌握贝塞尔曲线》，地址：https://medium.com/sketch-app/mastering-the-bezier-curve-in-sketch-4da8fdf0dbbb。

不同的点模式（Different Modes）

点的控制手柄有几种不同的模式，它们决定了会出现什么样的线条。

在编辑图形的时候，检查器会显示出四种不同的点模式：

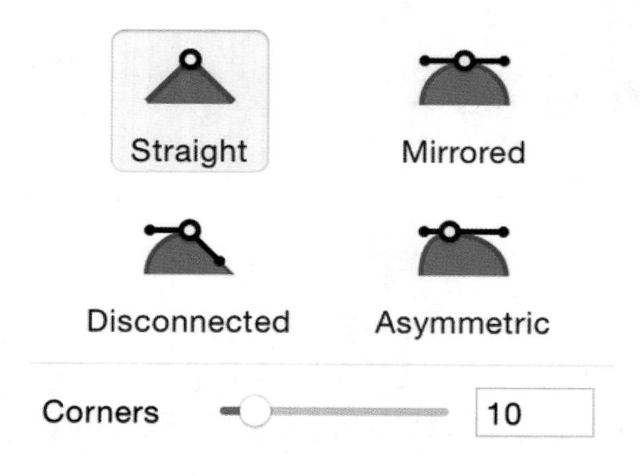

图 4-4 四种不同的点模式

- **直线角（Straight）**：当刚刚单击画布的时候，会添加一个直角，也就是说没有任何锚点，所得到的便是一条直线。
- **镜像（Mirrored）**：锚点会镜像对应。两个锚点将会与主点距离相同并且正好相对立。当主点并非直角时，镜像便是默认的点模式。
- **不对称（Asymmetric）**：两个锚点到主点之间的距离是独立的，但它们依然相互对应。
- **断开连接（Disconnected）**：锚点之间完全独立，互不影响。

如果一个角被设定为直线角，也可以用底下的滑块将直线变为圆角。如果通过“添加 > 图形 > 圆角矩形”（Insert > Shape > Rounded）添加了一个圆角矩形，那么将得到一个四角被设定了默认值的圆角矩形。

能够独立控制每个点，代表着设计师可以为每个点都设置不同的值，比如说可以轻松地让一个矩形的上面两个点为圆角，底部两个点为直线角，如图 4-5 所示。

图 4-5 绘制一个圆角与直线角结合的图形

想要实现这种图形，可以先建立一个圆角矩形，然后双击进入点模式编辑状态，再选中下面两个角的点，调整点模式。

键盘快捷键：设计师可以使用 1-4 键来选择不同的点模式，1 表示直线角，2 表示镜像角，3 表示断开连接，4 表示不对称。

绘制 VS 编辑（Drawing versus Editing）

除了用一个现有的图形工具来添加图形，也可以用矢量工具绘制。在菜单栏上选择“添

加 > 矢量工具"（Insert > Vector），在画布上单击添加第一个锚点，继续单击别处添加第二个锚点。

系统会自动绘制线条连接两点，接着单击别处但不要松开鼠标键，拖动锚点以绘制曲线。设计师可以继续画上几条线，最后单击第一个锚点，便能绘制出一个封闭的矢量图形，完成编辑。

不管是绘制新的图形还是编辑现有的图形，选择和添加新锚点的操作方法都是一样的。

封闭路径 VS 开放路径（Closed versus Open）

一个路径可以是封闭的也可以是开放的。封闭图形的最后一条边会与第一条相连接，开放图形则会在起点和终点间留出一个间隔。可以通过菜单栏中的"图层 > 路径 > 关闭路径"（Layer > Paths > Close Path），来将一个开放路径变为封闭路径，反之亦然。

针对一个开放路径，可以随时在编辑模式中添加新的锚点。当为一个开放路径设置了颜色填充，那么这个填充会呈现出路径已经被封闭了一样，哪怕这个路径的边框仍然不完整。

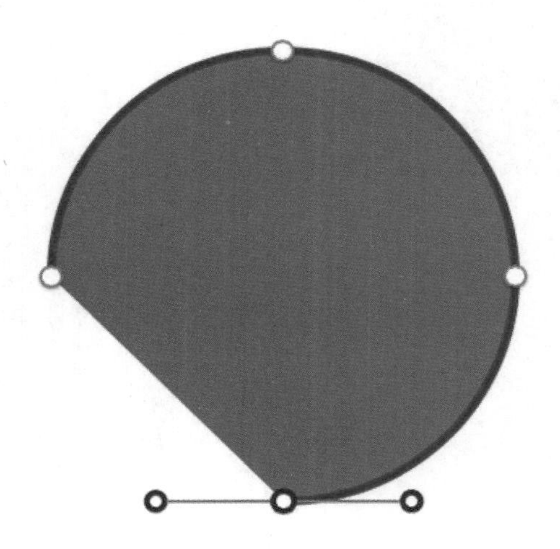

图 4-6 在一个开放路径中添加新的锚点

快捷键（Shortcuts）

绘制矢量图形时，可以按住 shift 键再画之后的点，Sketch 会自动帮设计师对齐到前一点的 45° 角方向，这在绘制直线时会非常方便。

如果在两点之间添加新的锚点时按住 shift 键，便会得到两点间的锚点。如果按住 command 键，单击两点间的线条，Sketch 则会在线条正中间添加锚点。

选中多个点（Multiple Selection）

有一个不那么明显的功能是可以同时选中多个点，一起移动它们。在选择点的时候按住 shift 键就好，被选中的点中心是白色的，而没被选中的点中心是灰色的。

另外，从画布空白处单击并拖动绘制出一个矩形选区。如果一直按住 shift 键，则会将新选区和之前的点一起选中，如果没有按住 shift 键，则会取消之前的选择，只保留新选区内的点。

4.2 布尔运算（Boolean Operations）

如果 Sketch 的标准图形中没有想要的图形，那就需要设计师自己创作了。设计师的第一个想法也许是用矢量工具来手绘出来，然而会发现很多复杂的图形都可以轻易地被拆分成基本的图形，布尔运算正是为了帮我们实现这一点——将几个基本图形结合成一个复杂图形。

子路径（Subpaths）

Sketch 支持动态布尔运算。使用布尔运算，Sketch 会通过布尔算法将最上层的图形变成下一层图形的子路径。因为 Sketch 当中的布尔运算是动态的，所以也可以随时调整每一个子路径，比如可以单独调整其中一个矩形的内角半径。

布尔运算方式（Operations）

Sketch 中有 4 种布尔运算，可以根据需要来选择运算方式。

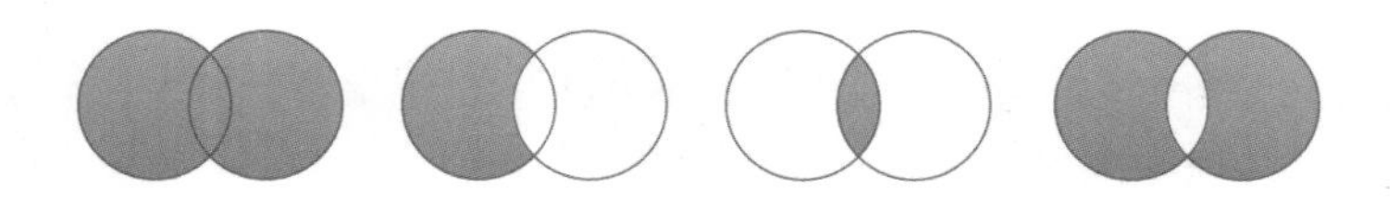

图 4-7 四种布尔运算

- 合并形状（Union）：结果会得到两个矢量区域的总和。
- 减去顶层形状（Subtract）：结果是顶层矢量的区域会从下一层的图形上移。
- 与形状区域相交（Intersect）：结果是会保留原图形重叠的部分。
- 排除重叠形状（Difference）：结果是只保留原图形不重叠的部分，是“与形状区域相交”运算方式的反向。

图层列表（Layer List）

对于一个含有多个子路径的图形，可以浏览左侧的图层列表。正如编组（Group）一样，通过布尔运算得到的图层列表左边也有一个下拉箭头，单击图层便会看见这个图形的子路径列表。每一个子路径的布尔运算都可以在右边的按钮中单独修改。一个子路径可以被设置成减去顶层形状，它上面的一个子路径则可以和它再合并。

图层列表的顺序是从下至上的，布尔运算的工作原理也是一样，即所选的布尔运算将这一层和下一层的图形相组合，得到的结果再与另一图层相组合。

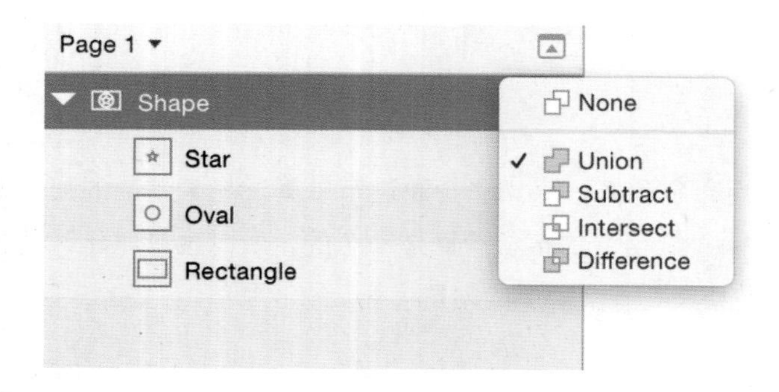

图 4-8 从图层列表中查看布尔运算

扁平化（Flattening）

当使用扁平化功能（Flattening）的时候，Sketch 会试着将一个图形里的多个子路径呈现为一个路径——也就是将层级结构变得更扁平。但是有些图形是无法扁平为一个路径的，比如说一个环状图形，将只能被呈现为两个路径：一个是外圈路径，一个是内圈路径。

选择需要扁平化的已经完成布尔运算的图形，然后通过工具栏中的“扁平化”（Flatten）图标，来完成编组的扁平化。使用扁平化后得到的是一个图层。

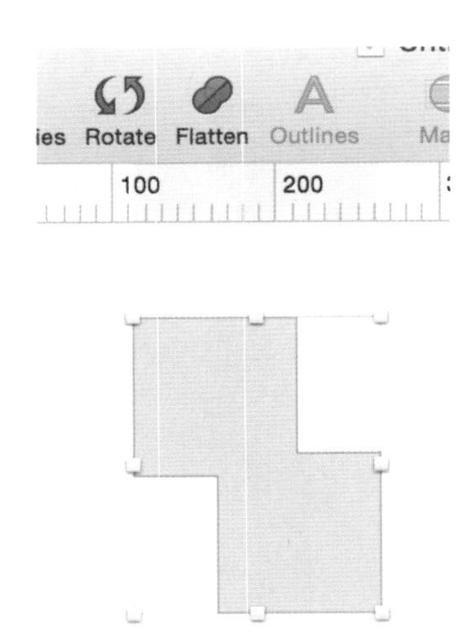

图 4-9 选择布尔运算后的图形并使用扁平化工具

图 4-10 扁平化图层前（左）后（右）对比

当 Sketch 不能完成扁平化命令时，会出现一个警告提示，如果继续坚持，那么有的子路径可能被替换，也许比之前更少，也许和之前一样多。

在其使用的绘图应用中，可以在全部使用布尔运算后，只使用一次扁平化操作就可以了，而不需要每次添加布尔运算后应用一次图层扁平化。

4.3 变形工具（Transform）

变形工具可以通过改变点的位置或者制造一个视觉上的 3D 效果，来使一个矢量图形变形。在 Sketch 里，能够动中间的锚点同时移动两个边角使图形显得倾斜。

选中一个或多个图层，然后单击工具栏里的变形工具。可以拖动四角的任意锚点来改变图形形状，或者拖动中间的锚点同时移动两个边角使图形显得倾斜。

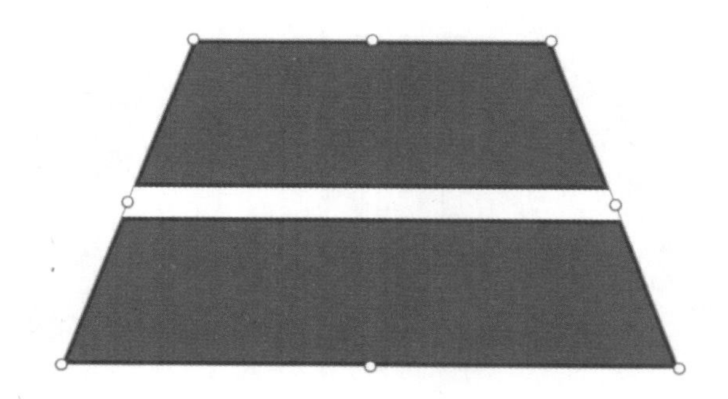

图 4-11 变形工具应用效果

当从一个图形的一角拖动变形，会发现其对角也在往相反方向拉伸，这能形成对称的变形效果。但如果只想往一个方向拉伸，按住 command 键再拖动鼠标就可以了。

4.4 蒙版（Masking）

Sketch 里的蒙版能够让设计师有选择性地显示出图层的一部分。比如说在一个图片上应用圆形蒙版，那这张图片只会显示出圆形内部的内容。

所有的图形都可以变成蒙版，先选中图形，然后进入“图层 > 使用图形蒙版”(Layer > Use as Mask)，所有在这个蒙版上面的图形都会被剪切成蒙版的内容并显示出来。

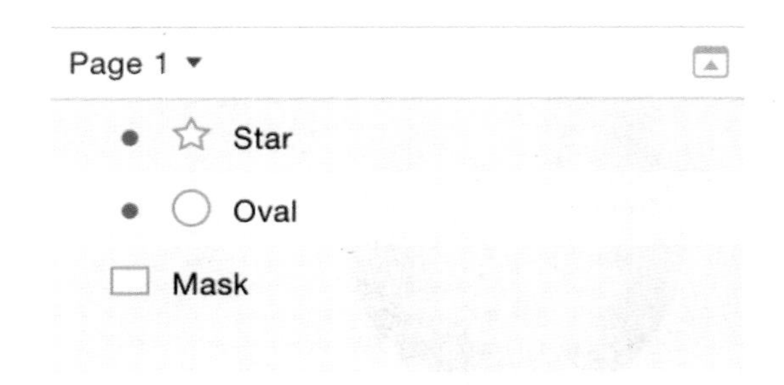

图 4-12 图层列表中蒙版显示效果

限制蒙版（Restricting Masks）

如果不想所有的图层都被蒙版剪切，可以将蒙版和想要被剪切的图层单独编组，通过这种方式来限制蒙版的使用情景。一旦蒙版被编组，其他一切在组外的图层就都不会被蒙版剪切了。

在无法编组的情况下，还可以通过以下方式限制蒙版：

- 选中一个想从剪切蒙版中释放出来的图层。
- 选择“图层 > 忽略底层蒙版”（Layer > Ignore Underlying Mask）。

这样，图层和它以上的所有图层就都不会被蒙版剪切。当调整图层顺序的时候则需要格外注意，个别图层可能会意外地被蒙版剪切。

图形蒙版（Mask with Shape）

在画布上同时选中一个图形和一张图片，选择“图层 > 用所选图形作为蒙版”（Layer > Mask with Selected Shape），就可以直接将这个图形作为选中图片的蒙版了。Sketch 会自动为它们编组，并把其中的图形图层变成蒙版。

Alpha 蒙版（Alpha Mask）

默认情况下，一个蒙版会显示出所在区域的图片，隐藏其他的地方。另一种使用蒙版的方式是通过 Alpha 蒙版建立渐变区域，具体设置图片的各部分是否可见。

图 4-13 使用蒙版后效果对比（图例来源：Bohemiancoding.com 网站）

使用这个方法，先选中蒙版，然后选择“图层 > 蒙版模式 > Alpha 蒙版”(Layer >Mask Mode > Alpha Mask) 来实现。

4.5 剪刀工具（Scissors）

剪刀工具可以用来剪去矢量图形的线条。可以先选中矢量图形，然后选中工具栏中的剪刀工具，或者在菜单栏中进入“图层 > 路径 > 剪刀工具”(Layer > Paths > Scissors) 来使用。

然后单击矢量图形的边来剪切图形。完成后，单击图形外的画布，或者按下键盘上的回车键 / 退出键即可。当将图形剪切到只剩一条直线时，Sketch 会自动退出剪刀工具。

4.6 复制旋转（Rotate Copies）

复制旋转是 Sketch 当中一个特别的工具，没有出现在默认的工具栏里，但可以通过右击工具栏并选中“定制工具栏”(Customize) 来将“复制旋转”添加到工具栏上。也可以从菜单栏中进入“图层 > 路径 > 复制旋转”(Layer > Paths > Rotate Copies)。

这个工具能复制选中的图形并按照特定的中心点和角度旋转。例如，绘制一朵花，可以先画出一片花瓣，然后复制 12 片花瓣，就能够得到一朵花的图案。

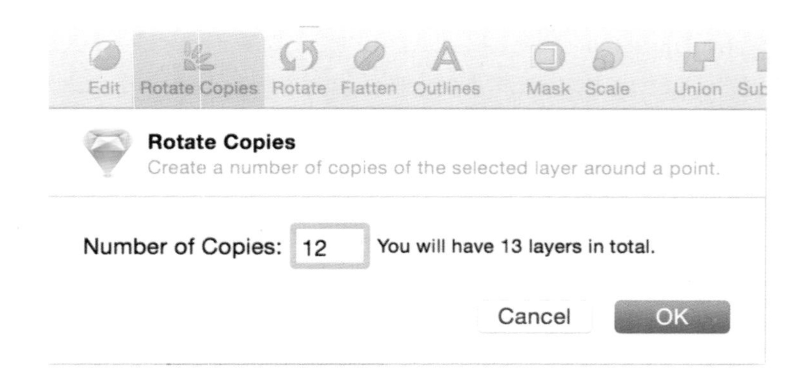

图 4-14 复制旋转设置界面

选中一个图层，激活复制旋转工具，输入想要的复制数量，接着调整中心点的位置，最后单击图形外的画布即可退出复制旋转工具。

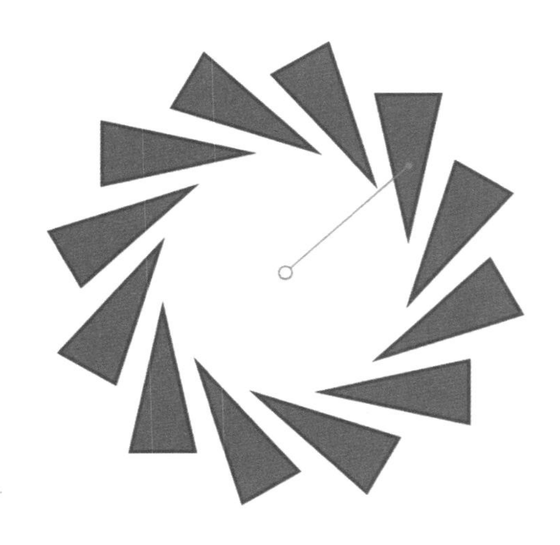

图 4-15 使用复制旋转完成的设计（图例来源：Bohemiancoding.com 网站）

分离路径（Splitting）

所有的复制图形都会被视为原图形的子路径，如果想让它们成为完全独立的图层，从菜单栏进入“编辑 > 路径 > 分离”（Layer > Paths > Split）即可。

4.7 铅笔（Pencil）

可以使用铅笔工具来自由地绘图。当松开鼠标键之后，Sketch 会简化路径，顺滑曲线。

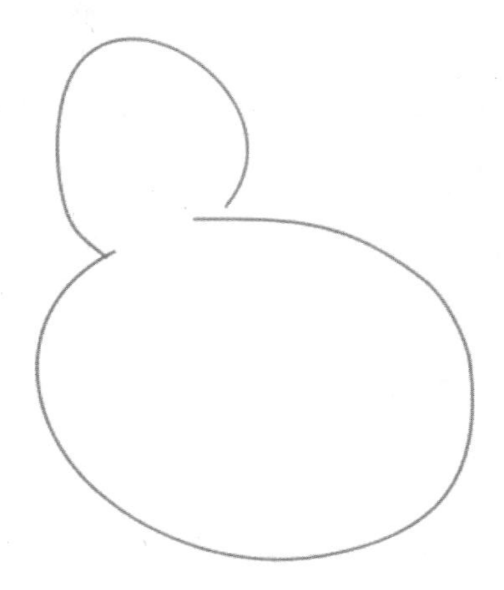

图 4-16 使用铅笔工具绘制曲线

可以在工具栏的添加菜单中找到铅笔，也可以用铅笔的快捷键 P。

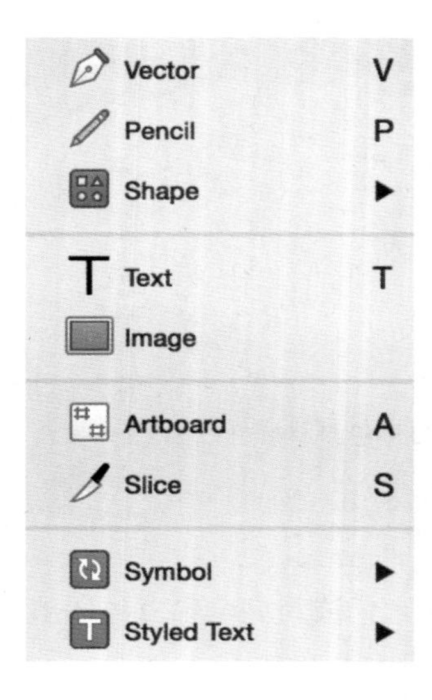

图 4-17 铅笔工具位置

第 5 章

文本（Text）

Sketch 使用操作系统原生字体，文本看起来都会很棒。使用原生字体渲染的好处就是当进行网页设计时，可以肯定文本都是精准的。Sketch 同时支持文本式样调整，所以能够让多个文本图层使用共同的字体、字号和字间距等。

添加文本（Adding Text）

从工具栏中选择文本工具选择文本工具。当鼠标指针变成文本光标时，在画布中任一点单击以添加文本图层。新的文本图层已被选定，那么就开始打字吧。

可以单击并拖动鼠标以创造一个固定尺寸的文本框，当文本内容超出文本框空间时，会自动向下扩展文本框长度。普通的不固定尺寸的文本框则会向后扩展宽度以适应文本内容。

改变文本字号（Resizing Text）

如果直接拖放文本框，文字本身的字号并不会相应改变，但是可以拉动文本框底部的缩放手柄，控制文本框和文字的大小。

Hello Sketch

图 5-1 调整文本框的手柄以及文本框和文字大小

5.1 文本检查器（Text Inspector）

当选中一段文本，检查器随之变成了文本编辑属性区域，在图层基本属性下面是共享文本式样区域。

接着是选择字体和字号，展开“Options”按钮来选择一些文字属性，比如下画线和删除线。再下面可以选择字间距、行间距和段落间距。

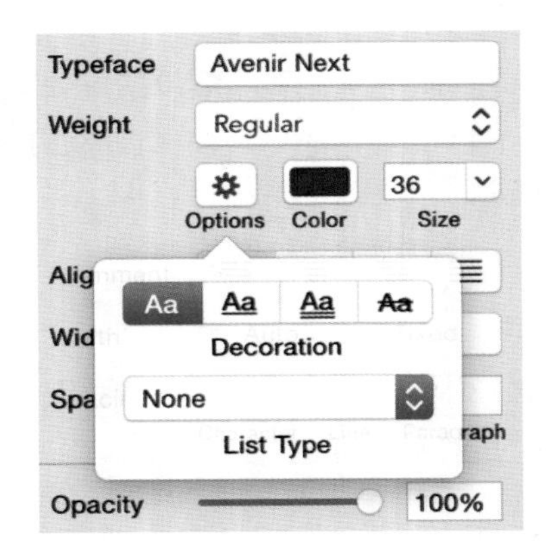

图 5-2 文本检查器

文本颜色（Text Color）

编辑文本时，通过文本选择和字号中间的颜色按钮为文本设置单独的颜色。也可以为文本设置一个通用的填充式样，比如渐变。但任何填充都将针对整个文本图层，这将覆盖刚才那个颜色按钮的设置。

值得注意的是，为了在文本上渲染渐变效果，Sketch 需要将文本转化为矢量图形，并失去文本的子像素抗锯齿效果。可以使用文本转为图形工具 Outline 来完成转化。文本中的每个字符会转化成一个个路径，以供编辑。

可以在工具栏中找到“文本转为图形工具”，或者在 Type 菜单中找到。

图 5-3 文本转化为路径后，每一个字母都会变为一个路径图层

自动大小文本框 VS 固定大小文本框（Auto vs Fixed）

文本框的宽度属性（在对齐选项的下面）可以被设置为自动（Auto）或者固定（Fixed）。自动大小意味着它会自动扩展以容纳输入文本。固定大小则会在输入更多内容时保持现有宽度不变，而增加文本框的高度。

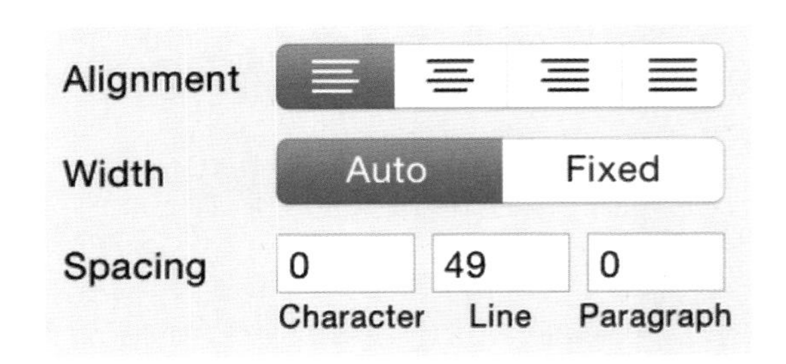

图 5-4 自动大小文本框与固定大小文本框设置

5.2 文本渲染（Rendering）

Sketch 使用操作系统原生的字体渲染，因此文本看起来会很棒。使用原生字体渲染的

好处就是当进行网页设计时，可以肯定作品中的文本都是精准的。

Sketch 沿用 Mac OS 系统中一种叫做子像素抗锯齿效果（Sub—Pixel Anti—Aliasing）的技术来提升文本渲染效果。

子像素抗锯齿技术（Sub-Pixel Anti-Aliasing）

一台电脑显示器是由网格状的像素组成的。文字渲染遇到的问题是，普通的屏幕并没有足够多的像素来精确地展现文字的曲线，这就需要用到抗锯齿技术，将那些被文字曲线遮住的像素稍稍变亮一些，并且在视觉上产生更平滑的效果。

子像素抗锯齿更进一步，考虑到屏幕上的像素由红色、绿色和蓝色组成，子像素抗锯齿并非是高亮全部像素，而是只高亮红色或者蓝色部分。

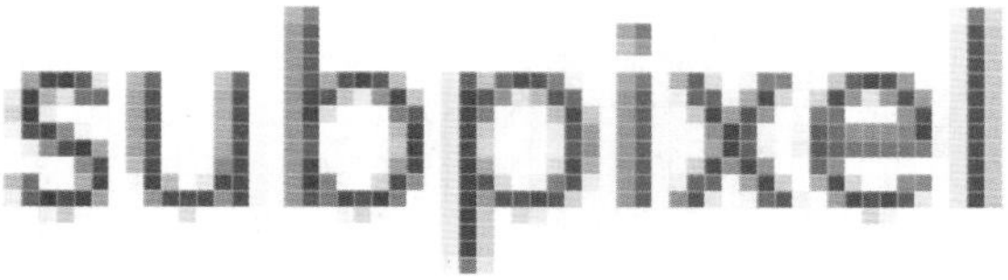

图 5-5 子像素抗锯齿技术（图例来源：Bohemiancoding.com 网站）

这就是为什么在像素模式中把文本放大观察时，会看见文字旁边有一些蓝色和棕色的小色块。但在正常大小时，这些文字效果却没有任何问题。Windows 用户对这种子像素抗锯齿技术不太习惯，他们总是将 Mac 的文字渲染形容成“很胖”。

无法实现抗锯齿时（When it Fails）

想要顺利实现子像素抗锯齿效果，文本必需出现在一个不透明的（有色的）背景上，系统需要知道最终的颜色对比结果是什么样的。这一点与图层混合模式是相冲突的。

要实现图层混合模式，Sketch 需要在一个透明背景上渲染所有的图层，那样这些图层才能像设计师所期望的混合在一起，最终再渲染回 Sketch 的白色画布上。

这就会带给我们一个问题，如果没有一个不透明背景我们就不能渲染抗锯齿的文字，但是有了不透明的背景我们又不能渲染图层的混合模式。这就意味着，一旦画布中出现了一个有混合模式的图层，Sketch 就不得不运用透明背景的算法，而无法给文字实现子像素抗锯齿效果了。

subpixel

图 5-6 混合模式图层下，Sketch 无法实现子像素抗锯齿（图例来源：Bohemiancoding.com 网站）

尝试对比一下，将一段文本放在不透明背景上，比如填充颜色或者填充了图片的图形，对比一下效果。

导出（Exporting）

另一个子像素抗锯齿效果问题出现在导出上。在画布上，Sketch 可以顺利地渲染有色背景上的文本。但将文本导出为 PNG 文件，并保持背景透明，就会发现文本变得不太一样，因为背景是透明的，Sketch 无法在透明背景下渲染子像素抗锯齿效果。

和混合模式一样，设计师可以尝试对比一下，将一段文本放在不透明背景上，比如填充颜色或者填充了图片的图形，来看看效果。

为 iOS 设计（Designing for iOS）

Apple 开始发布 iPhone 时，决定不用子像素抗锯齿技术渲染手机上的文本，原因是显示器上的像素都是由红、绿、蓝的光形成的。而 iPhone 是可以横屏、竖屏切换的，也就是说本来垂直排列的红、绿、蓝像素会水平排列。这样一来，整个子像素抗锯齿技术就崩溃了。Apple 原本可以保持竖屏时候的文字渲染，而放弃横屏情况，但 Apple 理智地决定保持竖屏与横屏一致的体验。

所以在为 iPhone 或者 iPad 设计交互页面时需要记住：在画布上，Sketch 会对文字进行子像素抗锯齿渲染，但在移动设备上，文字并不会被这样处理。设计师需要告诉

Sketch 无须进行子像素抗锯齿渲染，通过选择 Sketch > Preferences > General，取消选择 Sub-Pixel Anti-Aliasing。

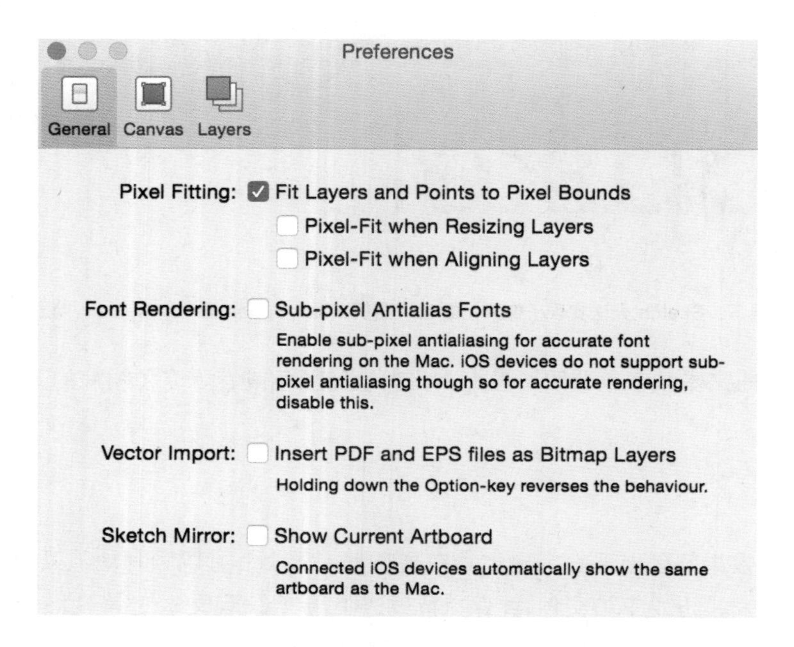

图 5-7 无须进行子像素抗锯齿渲染设置

5.3 共享式样（Shared Style）

要将多个文本设置为同一式样并且能够重复利用、提高设计效率，共享式样能实现这一点，共享式样会将分散在不同图层中的文本保持同步。文本式样只能在一个 Sketch 文件中共享，一个文件中的不同页面不同画板都能够使用。

创建文本式样（Creating Style）

想要创建新的文本式样，需要先选中一个文本框，然后进入“图层 > 创建共享式样”（Layer > Create Shared Style），或者在检查器中创建共享式样。检查器中立即显示出当前图层的文本式样，也可以在这里给式样重命名。

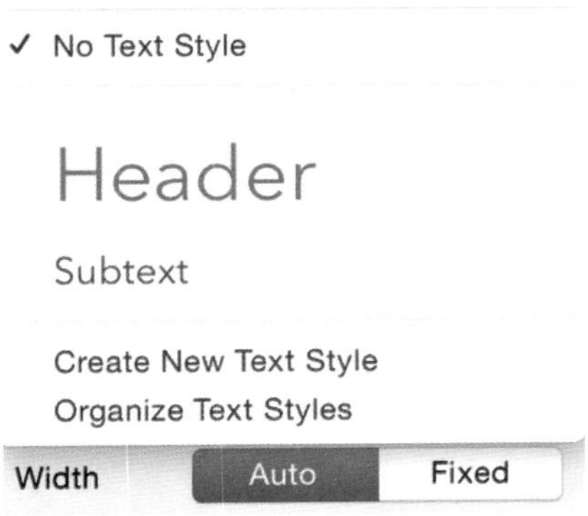

✓ No Text Style
Header
Subtext
Create New Text Style
Organize Text Styles
Width
Auto
Fixed

图 5-8 新建文本式样

如果文本属性发生改变，其他使用同一式样的文本会与其保持同步。

新的文本图层（New Layers）

可以和往常一样添加另一个文本图层，然后在检查器中给这个文本使用之前创建好的式样。另一个直接添加特定式样文本图层的方法是，进入“添加 > 式样文本”（Insert > Styled Text），然后选择想要的式样，接下来的步骤和添加正常的文本图层是一样的。

Symbol
Styled Text
Header
Avenir Next Regular — 30pt
Subtext
Avenir Next Regular — 14pt
Organize Text Styles...

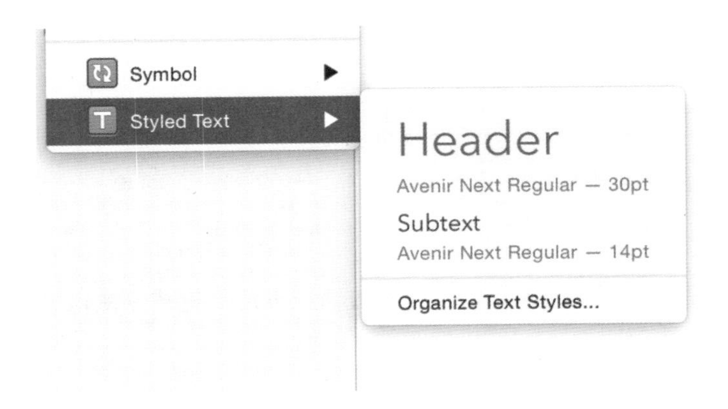

图 5-9 添加式样文本

注意，在 Sketch 2 中就已经有了文本共享式样的功能，在 Sketch 3 中进一步升级。最大的变化就是渐变填充、阴影和内阴影都能包含在文本式样当中。

5.4 文本路径（Text on Path）

Sketch 支持文本渲染路径，只需要两个东西来实现这个效果：一个矢量图形和一个文本图层。通过“文本 > 文本路径”(Type > Text on Path)，Sketch 会把文本图层贴合地放在它下一层的矢量图形上面。图形和文本的顺序，必须是矢量图形在文本图层的下面，才能得到这样的效果。

Text on Path

图 5-10 文本路径

5.5 文本转化为轮廓（Convert To Outline）

文本也可以被转换成矢量图形，执行“文本 > 将文本转换为轮廓”(Type > Covert Text to Outlines) 的命令来实现。这会将文本中的每个字母都变成图形，可以像编辑任何其他图形一样单独编辑每一个路径和锚点。

警告（Warning）

不要将很长一段文字转化为矢量图形，这会大大减缓文件的运行速度。将一小段文字转化为大量包含布尔运算的子路径，非常消耗系统内存。如果不得不转换一段文字，可以先将一段文字尽可能地分成多个短文本，然后再逐个转化为矢量。

如果可以使用其他方式帮助设计师完成设计，那么一般情况下应尽量减少使用将文本转化为轮廓的功能。

第 6 章 图片（Images）

Sketch 并不是一个位图编辑器，因此图片编辑功能比较有限。Sketch 3 中，改进了这一点，现在能更好地处理图片。Sketch 能将任何图层变成一个扁平的位图，通过进入“图层 > 将选区变成位图”（Layer > Flatten Selection to Bitmap）来完成操作。

6.1 位图编辑（Bitmap Editing）

现在，Sketch 中的位图编辑有很大的提升，在检查器中也有一个专门展示的区域。

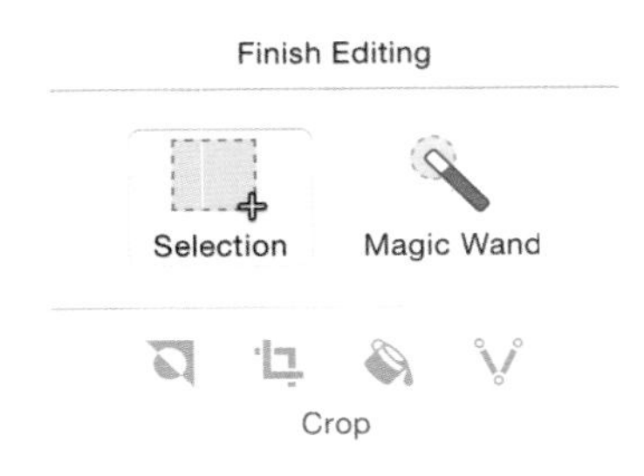

图 6-1 位图编辑工具

双击一张图片进入图片编辑模式，检查器中就会出现选区（Selection）和魔棒（Magic Wand）等图片编辑工具。在使用这些编辑工具前，需要先在图片上建立一个选区，然后再选择编辑工具。

- 选区（Selection）：在图片上选择一个矩形区域。
- 魔棒（Magic Wand）：单击画布上任一点开始拖动以选择一个区域，拖动的范围越大，容差就会越大。

按住 shift 键能够同时添加多个选区，或者按住 option 键从已有选区中取差集。确立好选区，就可以通过剪切 / 复制创建一个新的位图，或者通过以下四种工具进行编辑（在图片选区和魔棒下面）。

- 反向（Invert）：当前未被选中的区域会被选中，反之亦然。
- 剪切（Crop）：剪去选区之外的区域。
- 填色（Color）：为选区填充特定颜色，出现拾色器供设计师选择颜色。
- 矢量化（Vectorize）：将选区转变为的图形图层，与魔棒工具结合能发挥强大功能。

当结束对位图的编辑，单击图片外任一点，或按下 return 键 /escape 键即可退出编辑模式。

6.2 色彩校正（Color Adjust）

如果想微调现有图片的颜色，那么可以使用检查器中的色彩校正面板（Color Adjust）来实现。通过色彩校正，可以改变图片的饱和度、亮度和对比色。这是一个不破坏原图的操作，当所有值都为 0 的时候就是原图了，所以能够多次更改图片参数。

- 色调（Hue）：调整图片色调。
- 饱和度（Saturation）：调整图片饱和度。
- 明亮度（Brightness）：调整图片明亮度。
- 对比度（Contrast）：调整图片对比度。

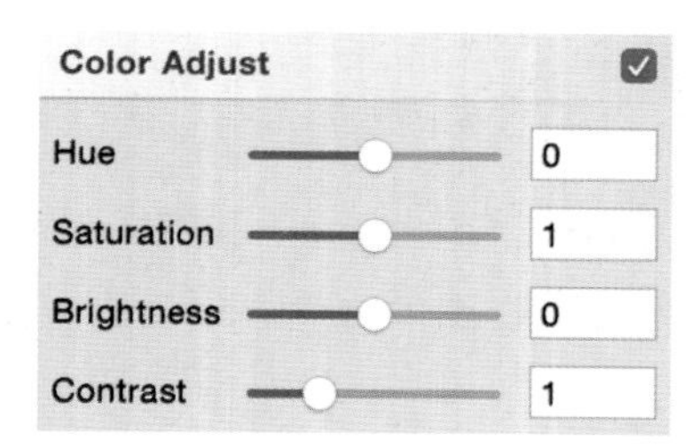

图 6-2 色彩校正编辑

第 7 章

符号（Symbols）

符号能够让设计师方便地在多个页面和画板中重复运用某组内容，符号保存在某一文件中，并不能在不同文件中共享，但可以保存下来“复制 / 粘贴”重复使用。

符号本身其实就是一种特殊的组，在图层列表中也是以组的形式出现，但是不同于普通的组的蓝色图标，符号会有一个紫色的文件夹图标。

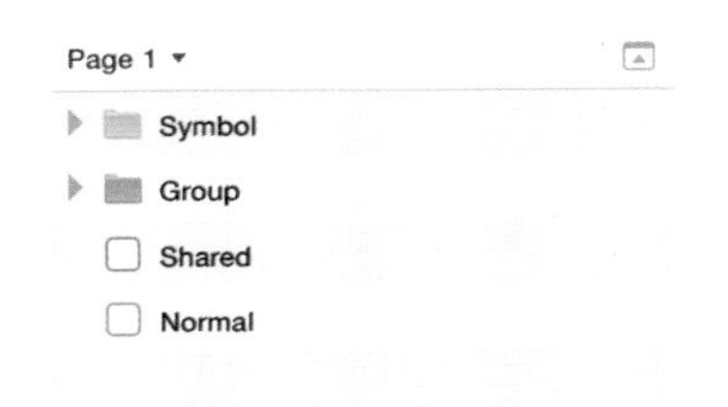

图 7-1　符号显示为紫色图标

7.1　创建符号（Creating Symbols）

要想创建新的符号，只需选中一个组，或者几个图层，然后单击工具栏中选择转化为符号（Convert to Symbol）按钮，或者进入菜单的“图层 > 创建符号”（Layer > Create Symbol），又或者通过检查器来创建符号。

如果所选是多个图层，Sketch 会先进行编组，然后图层列表里这个组的图标变成了紫色，设计师可以给这个符号重命名。

再进入“添加 > 符号”（Insert > Symbol），在画布中使用这个符号。可以复制 / 粘贴这个符号，Sketch 会自动将所有副本连接。任何针对某一副本（包括副本中的图层）的编辑，都会立即同步到其他所有的副本上去。

如果想复制一个现有的符号，选中画布上的任一符号副本，然后在检查器中选择复制符号（Duplicate Symbol）就能够实现。

7.2 排除文本（Exclude Text）

符号被运用的最广泛的地方，一般是网页的 header 和 footer，或是按钮这样的基本 UI 元素。符号中保持文本的独立，能够提高设计的效率，比如每个按钮看起来是一样的，但里面的文本内容各不相同。

实现这一点非常简单，先选中符号中的文本，然后勾选“从符号中排除文本”（Exclude Text Value from Symbol），然后所有针对文本的编辑就都是独立的了。

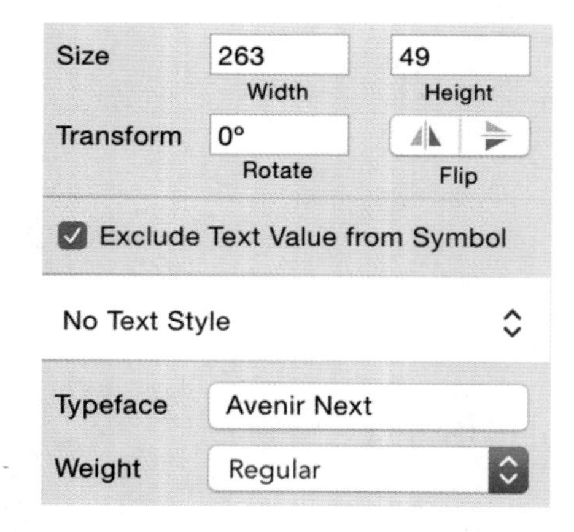

图 7-2 从符号中排除文本

7.3 管理符号（Organising Symbols）

在文件中创建了多个符号，不方便管理的话，会想把它们也编组。进入“添加 > 符号 > 管理符号”（Insert > Symbol > Manage Symbols），会得到一个文件中所有符号列表，能够在这删除或重命名符号。如果在符号名中加入了斜杠（/），Sketch 会将它视为组的分隔标志。举个例子，两个分别命名为 Button/Normal 和 Button/Pressed 的符号会被一起编入叫 Button 的组内。符号始终会按照字母顺序排列，而不是创建时间。

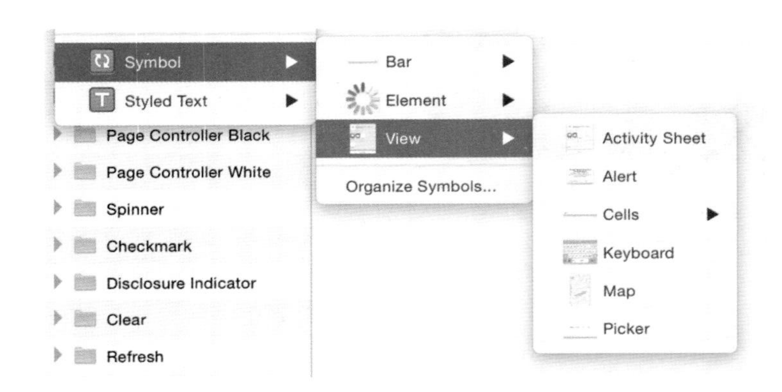

图 7-3 管理符号

7.4 交换符号（Swapping Symbols）

Sketch 能够给现有的副本更换符号，比如，可以将正常按钮和按下的按钮符号对调，但仍然保持它们的文本不变。当然，这需要之前对副本中的文本设定好符号排除文本。

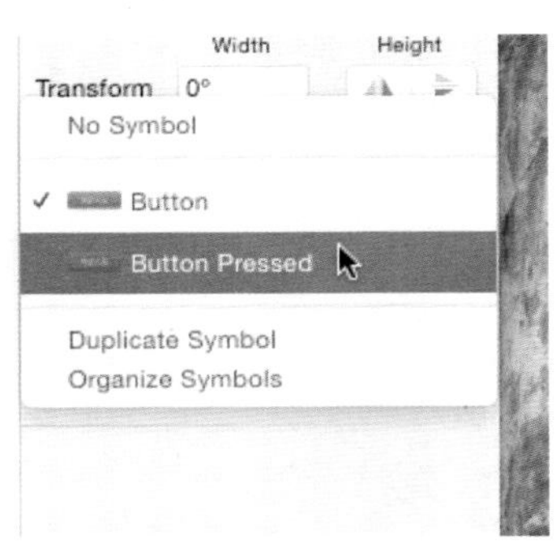

图 7-4 给现有的副本交换符号样式

Button Pressed 的符号式样与 Button 的一致，只需要在检查器中的符号列表中，拖住 Button Pressed 不放，并且拖向 Button 上面就可以了。

图 7-5 交换符号前（左）后（右）对比

想要实现交换符号，首先确定两个符号名称都设置为“从符号中排除文本”(Exclude Text Value from Symbol)，当对调的时候文本式样会从符号中丢失。

第 8 章 式样（Styling）

设计师能够在式样检查器中调整图层的属性。

8.1 式样概述

检查器中，会显示出所选图层的式样选项。从共享式样开始，接着是通用透明度、通用混合模式，然后是填充、边框、阴影、模糊和镜像。

文本域（Text Fields）

Sketch 有一个很特别的输入框，鼠标悬停时会看见上下两个小箭头出现在文本区域的右边，单击他们来调整属性的大小。如果按住 shift 键，同时调整属性值，则会以 10 为单位变化。如果按住 option 键，则会以 0.1 为单位变化。

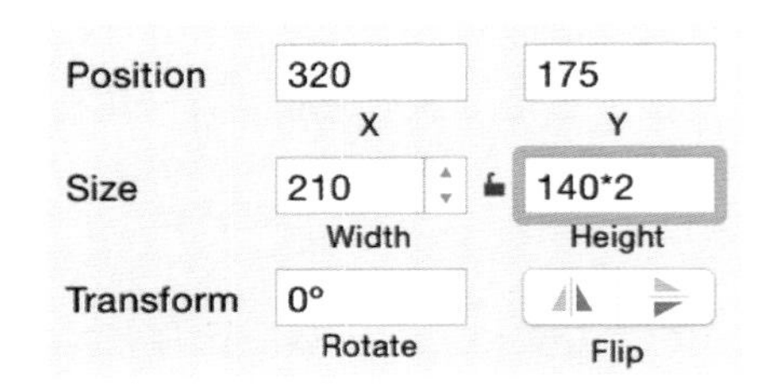

图 8-1 文本域操作

上下箭头（Up and Down）

当开始直接编辑文本框时，上下箭头就会消失。但这个功能依然可用，用键盘上的上下方向键配合 shift 键或 option 键来完成。

运算（Math）

文本框中另一个很棒的功能是可运算，简单的四则运算是没有问题的，运算也支持不同的运算符号。

模糊值（Scrubbing Values）

调整文本框大小更快的方式是直接拖放文本框底部的手柄。如果想要确定的文本框大小，那么只是看看画布上的效果，就能帮助设计师做最快的测试。

返回画布（Back on Canvas）

在画布和检查器中切换操作，先在画布上选中一个对象，在检查器中修改图层属性，然后再回到画布。正常情况下应用仍会关注在检查器上，所以如果设计师想按 R 键来快速新建一个矩形，结果会是在检查器的输入框中输入了 R 。

绝大多数情况下，这不会是预期的，所以先按 return 键来确认输入框中的任何编辑。然后再按一次 return 键，即可返回到画布中，并可以使用任何其他画布专用的快捷键了。或者在检查器中输入内容后，在画布中点击任意位置，中断检查器输入操作。

拖放（Drag Drop）

任意边框、填充或是阴影都可以被拖放，只需在按钮和输入框的中间，单击开始拖放即可。通过这个方式能够重新排列填充层，或是直接拖出检查器用来删除某一填充。

删去无用式样（Cleaning up unused Styles）

一个高效尝试不同式样的方法是给同一图层添加多个边框和阴影，然后选择性地打开或关闭一部分。但实际应用过程中，设计师会创建好几个无用的式样。

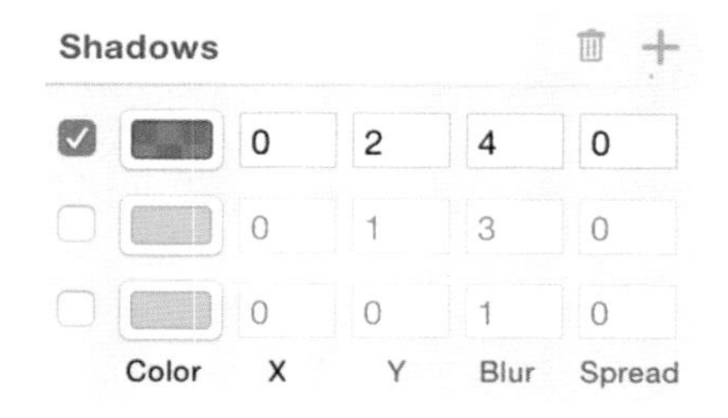

图 8-2 取消样式前的勾选，删除无用样式

为了让“删去无用式样”（Cleaning up unused Styles）的操作更便捷，Sketch 增添了一个式样垃圾桶功能。一旦检查器中出现无用的式样，这个垃圾桶就会显示出来，单击就可以删去所有的无用式样。

复制粘贴式样（Copy Paste Styles）

这并不是和检查器完全相关的内容，但可用其来编辑菜单，在不同图层之间复制粘贴式样。如果不想图层始终保持连接，又想共享其中一部分元素，复制粘贴式样便是最好的选择。

对齐（Alignment）

检查器的最顶端是一些关于对齐的按钮。右边的 6 个按钮是让多个图层相对自身对齐，只有一个图层的情况下则是与当前的画板对齐。

左边的对齐按钮则是让图层垂直或水平分布。比如水平分布，最左和最右的两个图层会留在原地，其他图层则会均匀地分布在它们中间。

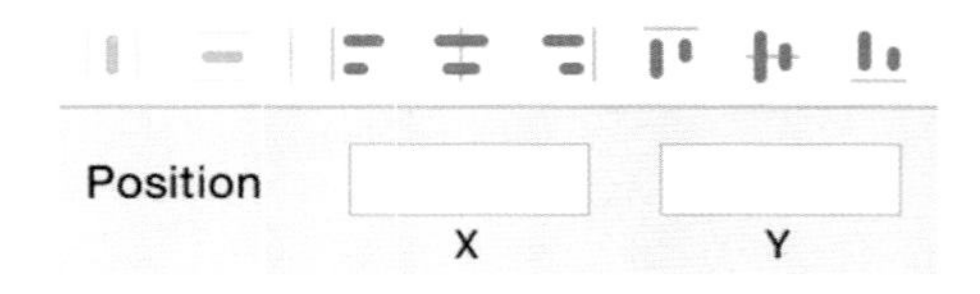

图 8-3 式样对齐方式

图层透明度快捷键（Layer-opacity Shortcut）

同样不是严格的和检查器相关的功能。当选中一个图层，可以按 1-9 的数字快捷键来快速将图层透明度从 10% 调至 90%，按下 0 则会将透明度调至 100%。

8.2 填充（Fills）

Sketch 里能够为图形填充纯色、渐变、图片（或图案）以及杂色。从纯色变为渐变，与边框的操作选项是一致的。

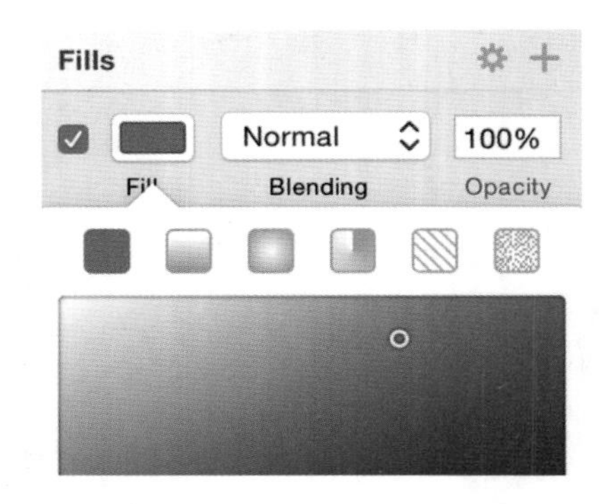

图 8-4 填充以及填充的类型

填充选项从左至右分别是：

- 纯色（Solid Fill）
- 线性渐变（Linear Gradient）
- 径向渐变（Radial Gradient）
- 环形渐变（Circular Gradient）
- 图案填充（Pattern Fill）
- 杂色填充（Noise Fill）

添加填充（Adding Fills）

单击第一个色彩填充旁边的 + 按钮来添加新的填充。每一个图层都可以有无限的填充，填充会按照从下至上的顺序叠加，每一层填充也都有自己可调节的混合模式和透明度。

值得注意的是，如果把透明度设置为完全透明，将看不到填充，但 Sketch 将填充表达出来。

图案填充（Pattern Fill）

可以在预设中选择图案来进行图案填充，或者添加一张图片，用平铺（Tile）或者扩展（Fill）的方式来填充。

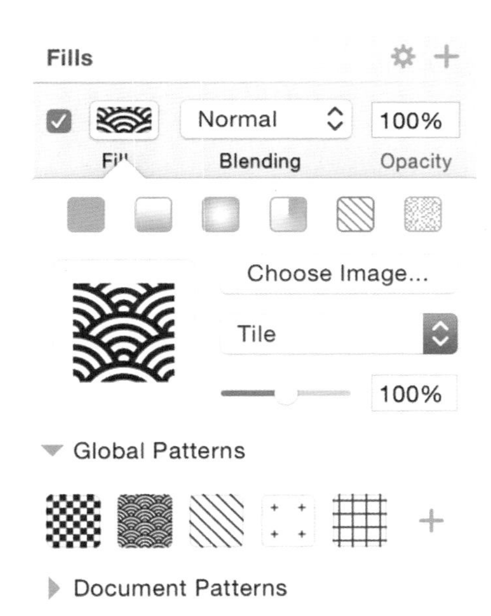

图 8-5 图案填充

- 平铺（Tile）：图像被不断重复直至铺满整个区域。
- 扩展（Fill）：图像被放大直至占满整个区域。

杂色填充（Noise Fill）

杂色填充能为设计师的图层增添细小纹理，让乏味的填充和图形变得更生动独特。

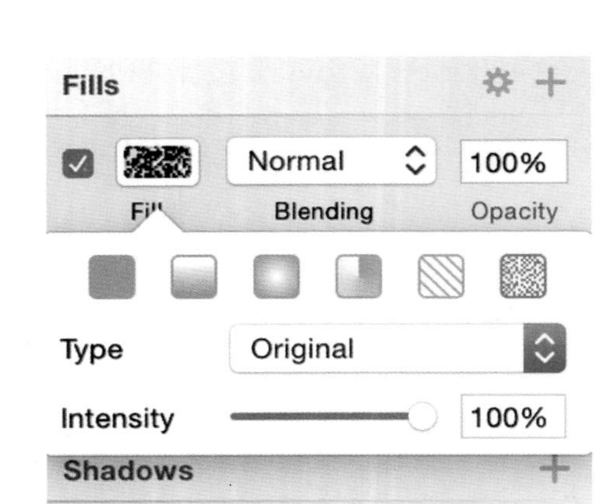

图 8-6 杂色填充

Sketch 3 包含了黑色、白色和彩色三种不同的杂色图片，设计师也可以分别给它们设定自定义混合模式。

8.3 边框（Borders）

除了文本之外的所有图层都可以有多个边框，也可以给边框设定不同的粗细、颜色和混合模式。

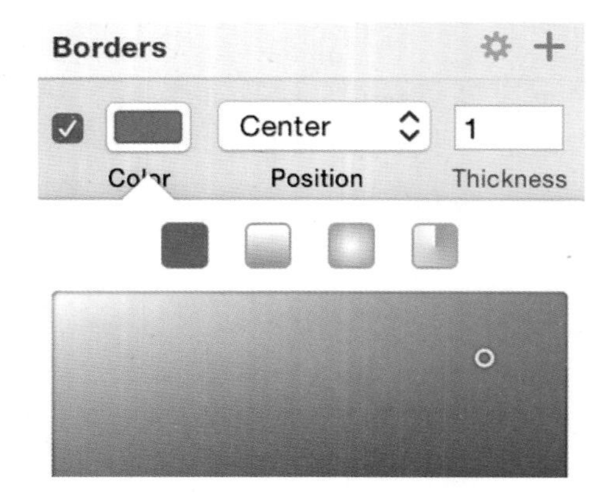

图 8-7 边框以及边框类型

边框选项从左至右分别是：

- 纯色填充（Solid Fill）
- 线性渐变（Linear Gradient）
- 径向渐变（Radial Gradient）
- 环形渐变（Circular Gradient）

边框位置（Border Position）

边框可以出现在一个路径的中间、内部或外部，如果有一个封闭的图形，那么内边框会被绘制在图形的轮廓以内，外边框则会在轮廓以外。

中心边框则会刚好绘制在轮廓线上，一个开放图形只能运用中心边框，一条直线也只能运用中心边框，毕竟直线根本就不存在“内外”的概念。

图 8-8 边框在一个路径的中间、内部和外部的显示情况（例图来源：Bohemiancoding.com 网站）

纯色或渐变（Color or Gradient）

一个边框可以运用纯色或渐变色来填充，可以在每个边框的色彩检查器里更改，比如从一个扁平颜色换成一个渐变的绿色。编辑一个边框渐变和编辑填充渐变是一样的操作方法。

虚线（Dashed Lines）

矢量图层有个额外的边框选项——虚线，可以更改结束点或合并点的图形。想创作虚线，先找到检查器中的边框区域（Border），单击右上角的设置图标，这时边框面板会自动扩展出现几个新的选项，其中最下面就是四个设置虚线的输入框。分别是开始以及结束箭头的点（Dash）和空隙（Gap）。

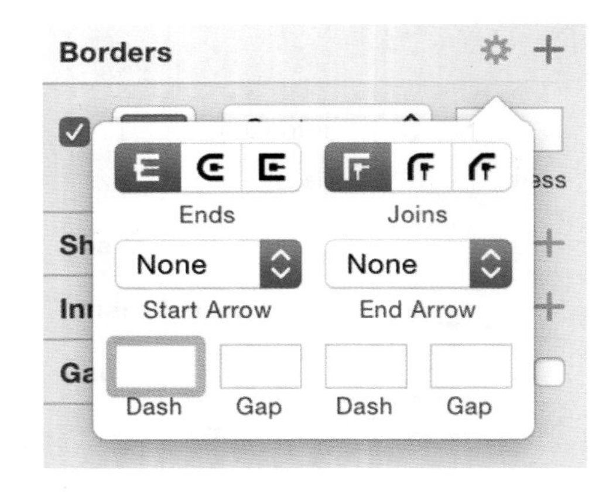

图 8-9 虚线以及虚线设置

举个例子，一个 4-2 的虚线图形，会画出一个长 4 个像素的线条，留出长 2 个像素的间隔，接着再画 4 个像素长的线条并一直重复。

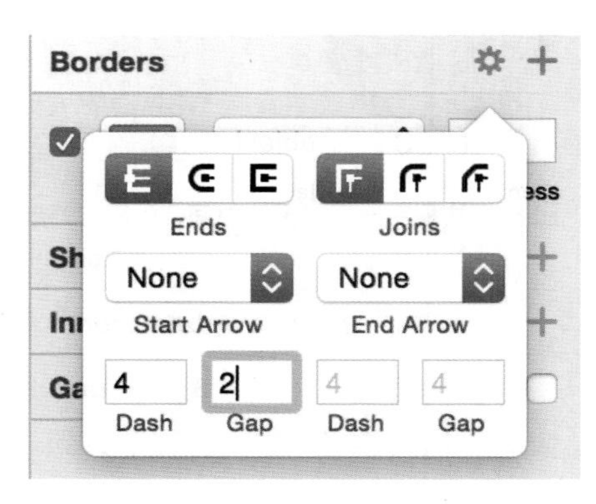

图 8-10 一个 4-2 的虚线设置

再举个例子，一个 5-4-3-2 的虚线图形，会画出一个长 5 个像素的线条，留出长 4 个像素的间隔，接着再画 3 个像素长的线条，留出一个长 2 个像素的间隔，并重头再来一遍。

图 8-11 一个 5-4-3-2 的虚线设置

8.4 阴影（Shadows）

阴影分为外阴影和内阴影。外阴影和内阴影会有相同的参数设置和工作原理，唯一的区别是阴影一个在图形外部一个在图形内部。

每个阴影都可以有自己的混合模式，能够在颜色弹出窗口里调试。

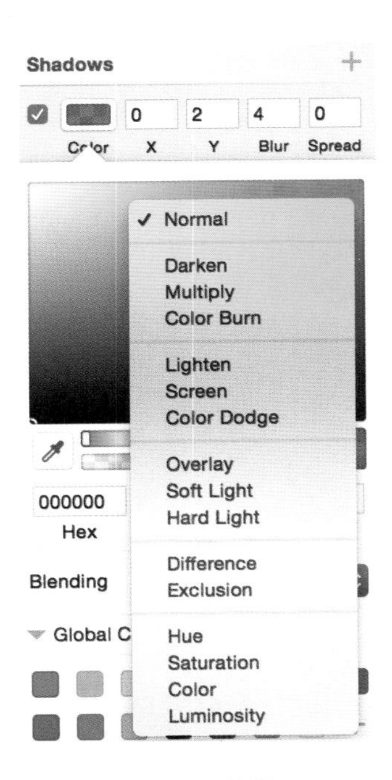

图 8-12 阴影以及设置

扩展值（Spread）

每个阴影同时还有一个扩展值，这会增强对象的阴影效果。当模糊半径被设置为 0 的时候，文本图层的内阴影才是最好看的。

8.5 模糊（Blur）

Sketch 提供了四种不同的模糊方式，可以在模糊工具的区域中进行选择：

- 高斯模糊（Gaussian Blur）：能让设计师的图层均匀地模糊。
- 动态模糊（Motion Blur）：仅向一个方向模糊，造成一种运动的错觉。
- 缩放模糊（Zoom Blur）：从一个特定的点向外模糊。
- 背景模糊（Background Blur）：将图层下一层的内容模糊。

背景模糊（Background Blur）

其他几种模糊方式大家都很容易理解，背景模糊则可能需要一点解释。

背景模糊是在苹果发布 iOS 7 之后添加的功能，需要确认有一个半透明的图层在表面应用了背景模糊，这样下层的内容才会出现模糊效果。

性能（Performance）

需要注意的是，模糊是一种非常消耗资源的渲染效果，图层越大，模糊就越需要占用更多的内存空间和处理器能力。尽量少使用模糊，如果一定要在背景模糊和普通模糊中选择，那么选择普通模糊。

8.6 色彩（Color）

Sketch 里直接将拾色器放在了检查器当中。选中一个图形，在检查器中进入填充或者描边选择的面板，再点击色彩按钮。通用检查器将会滑到一边，展现出一个新的色彩面板。色彩面板会根据需要编辑颜色类型（阴影颜色还是填充颜色，纯色还是渐变）显示不同的选项，但色彩面板中的很大空间都被拾色器占据着。

拾色器是基于 HSB 色彩模式的，色彩的饱和度和亮度分别按照水平和垂直方向变化。底下则有两个滑动条来调整色相和透明度。通过色彩值输入框来改变颜色，也可以直接拖拽拾色器里的小指示符。调整色彩的饱和度和亮度时，可以按住 shift 键来限制只朝一个轴移动。

HSB 色彩模式（HSB Colors）

紧接着会看见一个十六进制表示（HEX）的色彩数值，以及 RGB 模式的色彩值。可以直接单击 RGB 的标签来切换至 HSBA 的色彩模式。

常用颜色（Common Colors）

拾色器下面有一排预设的颜色，这是 Sketch 自动抓取的颜色，它会自动分析文件，提取用到最多的颜色并留在这里。这样就能方便地重复使用颜色，而无需手动给每个颜色添加预设了。

8.7 渐变（Gradients）

给图形设置渐变填充，设计师可以直接选中图形，单击填充按钮，色彩工具就会显示在检查器中。在色彩面板的底部，设计师也可以选择填充纯色、渐变、图案还是杂色。

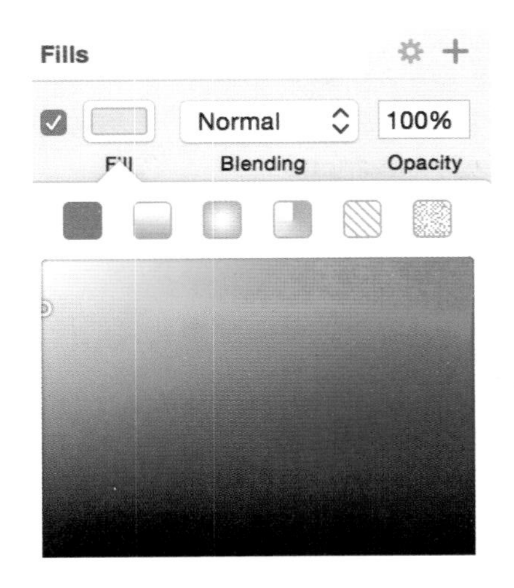

图 8-13 渐变填充以及类型设置

设计师可以选择线性渐变、径向渐变或是环形渐变，甚至是图形填充以及噪音填充，但是它们在 Sketch 中的工作原理是大致相同的。

如果设计师选择了线性渐变，设计师会看见图层上出现了两个（默认）或多个点（在渐变块中单击添加新的渐变点）组成的渐变线。上面每一个点都是一个色彩滑块，滑块之间的颜色则会被绘制成平滑的色彩过渡。

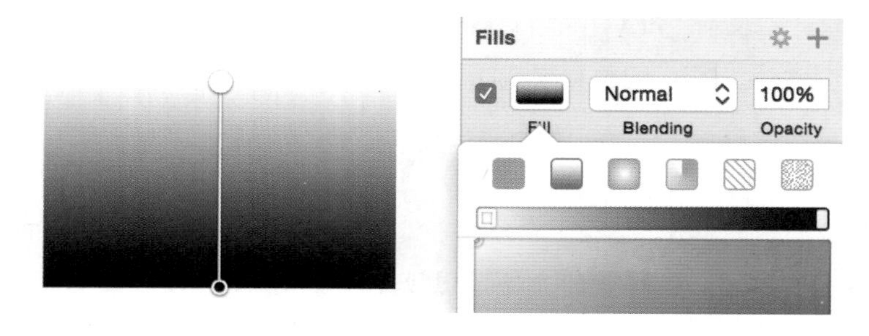

图 8-14 线性渐变

想要改变色彩滑块的颜色，设计师可以先单击选中它，这时设计师会在右边的拾色器里看见设计师所选滑块的颜色。只要选择一个新的色彩值，设计师就能在画布上看到相应的改变。

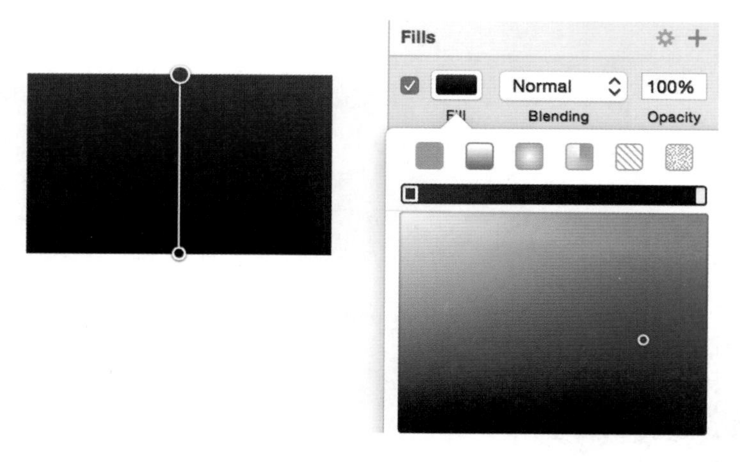

图 8-15 改变线性渐变滑块的颜色调整线性渐变

在渐变线中间单击，设计师就会看见一个新的色彩滑块被添加。设计师可以移动这些色彩模块来调整渐变过程的平滑度，设计师也可以移动渐变线的起点和终点来改变渐变的方向。

如果设计师想移除色彩滑块，直接在画布上选中它，再按下键盘上的 delete 键，或是 backspace 键即可。

径向渐变（Radial Gradients）

如果设计师选中了径向渐变，那么渐变线上的第一个点便会是径向渐变的中心，末端的点则会决定渐变的范围。

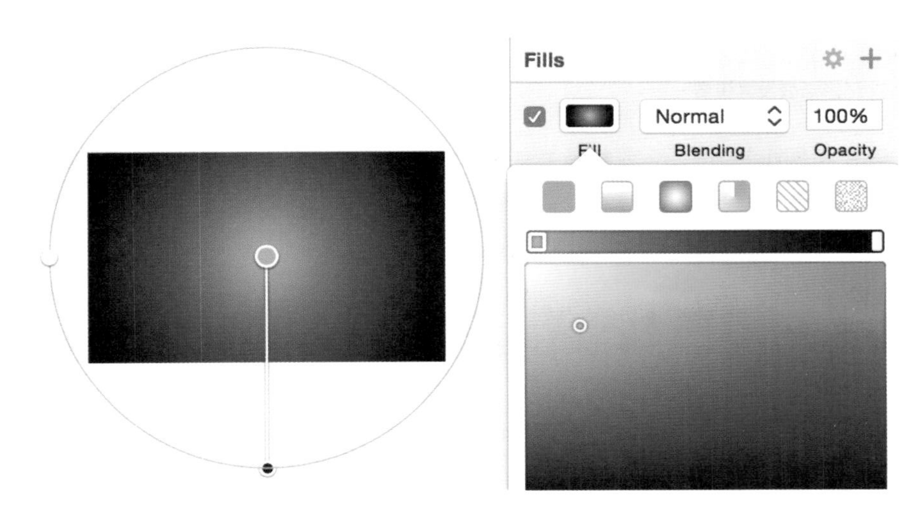

图 8-16 径向渐变及其设置

在渐变色的外圈上，设计师会发现另外一点，设计师可以拖动它使渐变范围在正圆和椭圆当中变化。

环形渐变（Circular Gradients）

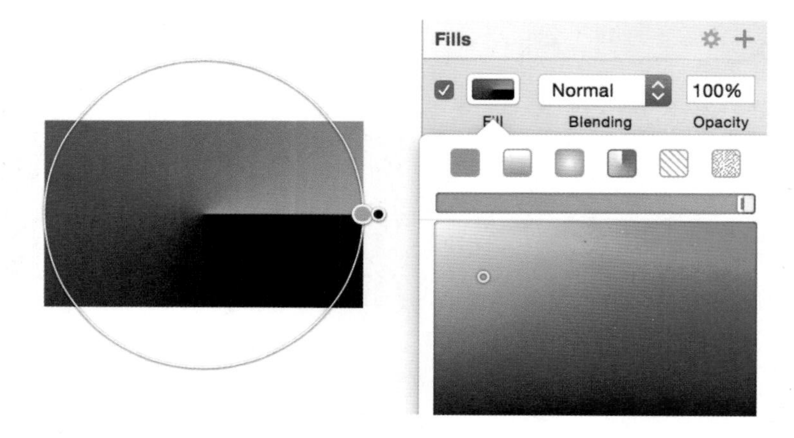

图 8-17 环形渐变及其设置

环形渐变会在图层上以中心点顺时针渐变。设计师可以在其中任意加减色彩滑块，方法和线性渐变一样，在渐变线上移动或者拖动色彩滑块即可。

渐变条（Gradient Bar）

Sketch 3 里添加了一个新的传统式样的渐变条，设计师能看见渐变的每一个节点，以及从左至右的变化。

快捷键（Shortcuts）

Sketch 3 里也添加了几个快速放置节点的快捷键，设计师可以按下 1 ~ 9 的数字键来在渐变线的 10% ~ 90% 的位置添加新的节点，所以如果按下数字键 5，就能将节点添加到正中间。

如果设计师想在两个节点的正中间添加，则按下 = 键即可。

设计师还可以使用 tab 键快速地在不同节点中切换，用方向键（也可以同时按住 shift 键）移动节点。

边框渐变（Gradient on Borders）

Sketch 同样可以对描边进行渐变渲染，使用方法和填充渐变类似，只需点击边框面板里的色彩按钮，再重复以上的操作即可。

8.8 共享式样（Shared Style）

Sketch 2 已经有了共享式样的功能，并且在 Sketch 3 里得到了全面的提升。共享式样现在在通用图层选项和式样选项中间的白色区域里。

设计师可以先选中一个图形，然后在下拉面板中设置想要的式样。设计师可以创建无数的式样，也可以调整现有的式样。

在共享图层中对任意图层做修改，其他的共享式样文件夹都会立即做出相应的改变。

值得注意的是，图形中的共享式样和文本式样以及符号式样编辑方式是一样的，包括它们的编辑选项。

新建文本之后，再检查其中的创建符号。之后复制使用符号，当任意文本式样有变化的时候，其他式样文件也会发生变化。图形共享式样和文本式样的创作方式是一样的。

图 8-18 通过检查器创建共享式样

第 9 章
编组（Grouping）

除了图形、图片、文本基本图层之外，Sketch 还有一些工具可以帮助设计师管理和展现导出的特殊图层。合理地管理图层，有助于设计师更好地导出画布和图层。

9.1 编组（Groups）

设计师可以对多个图层进行编组（Group），在画板中呈现为一个图层，在图层列表中表现为图层组。设计师可以移动和缩放组，同时也可以进入组中修改单独的图层。

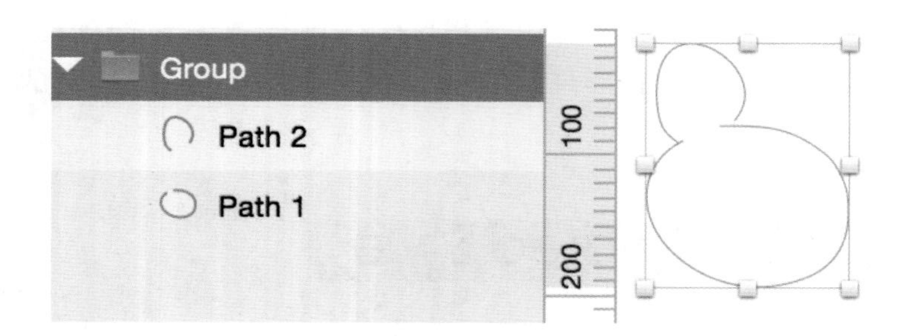

图 9-1 组及其图层

Sketch 的编组非常强大，多个组可以再次建为新的组，一起移动或者改变大小。当设计师改变一个组的大小时，组当中的内容也会相应的变化。如果这个组中包含文本信息，那么文本的字体也会跟着变化。

想要创建组，设计师需要先选中一个或多个图层，然后单击菜单栏中的编组图标，Sketch 便会为设计师创建一个包含所选图层的组，设计师当然也可以直接在图层列表里拖放图层，移动到不同的组里去。或者使用快捷键 command + G 组合来完成编组。

编辑群组（Editing Groups）

当设计师选中了一个组，设计师可以双击它去查看和编辑组中的内容，比如在组内移动单个图层或者直接新建图层。如果设计师选中了组外的任一对象，Sketch 会自动跳出组，以便设计师选择文件当中的其他图层。

这时如果设计师再选择某一组中的一个图层，Sketch 会自动帮助设计师选中整个组。这和创作图形时的子路径是一样的。

当调整整体群组大小的时候，组内的元素也将会等比例缩放。有的时候这是很麻烦的。这就需要将整个组扁平化之后，再进行编辑，比如缩放、设置阴影，等等。

直接选择（Click-Through）

默认情况下下，设计师需要先双击选中组，再单击选中组里的图层。但是如果设计师按住 command 键时，便可以单击进入组，直接选择想要编辑的图层。

如果设计师只想将编组工具用于组织图层列表，而不想每次都先双击，设计师可以勾选编组检查器中的“直接选择”（Click-through when selecting）选项。设计师也可以在通用偏好设置中这样定义新建的编组。

9.2 画板（Artboards）

Sketch 里的画板是在无限的画布中的一块固定大小的画框，画板是可选择的。设计师可以使用一个或者多个画板来完成设计。当设计师的文件中包含画板的时候，画板之外的部分会变暗，这样设计师就可以清晰地看到什么在画板中，什么不在画板中。

如果设计师设计网页，设计师想针对不同大小的屏幕进行设计，这时设计师就可以将每个画板设置为不同的尺寸。如果设计师设计图标，设计师会想限制自己在默认的图标尺寸中创作，设计师同样可以将画板设置为不同的图标尺寸。

画板像一个特殊的组，永远是开放的状态，设计师不用双击它查看内容。画板的大小也不会随着内容增多而自动扩展。如果设计师已经给画板设定了一个固定大小，那么这个尺寸一直保留，直到设计师再次更改它。

添加画板（Adding Artboards）

想添加新的画板，进入工具栏中的“添加 > 画板”(Insert > Artboard)(快捷键：A),检查器会显示出一些常用的画板尺寸，比如 iOS 设备屏幕，常用宽度的网页，以及图标。

▼ iOS Devices

iPad Portrait	768x1024px
iPad Landscape	1024x768px
iPhone 6 Plus	414x736px
iPhone 6	375x667px
iPhone 5/5S/5C	320x568px
Apple Watch 42mm	312x390px
Apple Watch 38mm	272x340px

▶ Responsive Web Design

▶ Material Design

▶ iOS Icons

▶ Mac Icons

▶ Paper Sizes

图 9-2 画板选项库

单击一个预设的画板，将它添加至画布中，或者单击画板预设的顶端栏，将所有预设画板都置入画布，设计师也可以在检查器底部添加预设画板。

如果设计师想添加多个刚才置入的新画板，可以按 command + D 的组合键来重复添加画板。或者选中空白的新建画板，通过“排列 > 新建画板”(Arrange > Make Grid)来创建固定列和行的画板。并且能够设置每个画板横向的距离和纵向的距离，这一点类似文本的行间距和字间距。

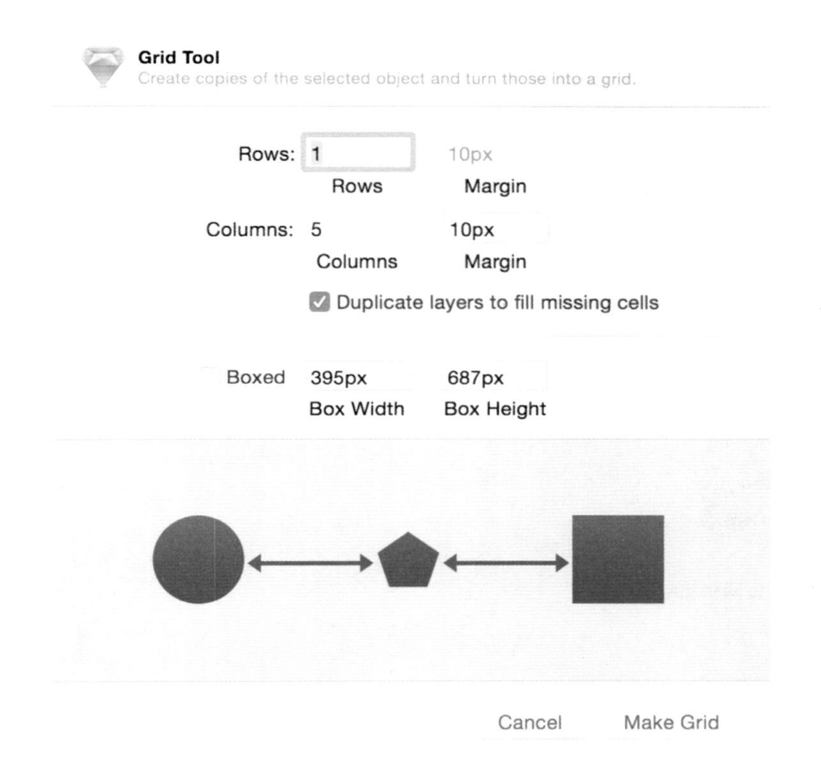

图 9-3 通过菜单新建画板

移动画板（Moving Artboards）

如果一个画板中已经有内容了，Sketch 就不会让设计师直接选中这个画板，这样设计师在建立大的选区时不必担心选中了画板。但有时候设计师还是有移动画板的需求。

设计师可以直接在图层列表中选中画板，然后在画布上拖动，或是在检查器中更改它的位置和大小，设计师也可以直接在画布上单击拖动某一画板的名字来移动它。

网格和标尺（Grids and Rulers）

每一个画板都是在画布上相对独立的创作空间，所以每个画板都有自己的标尺和网格选项。当设计师在一个画布上创作不同大小的画板时，这一点就会非常有用——比如在响应式设计下每个断点的画板。

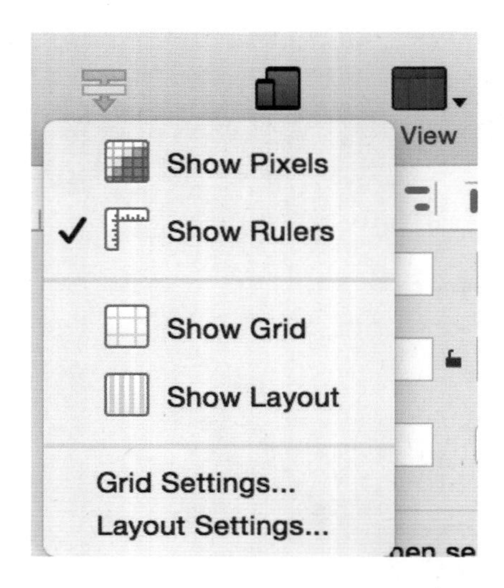

图 9-4 在工具栏中设置网格和标尺

模板（Templates）

另一个了解画板功能的好例子包含在 Sketch 的模板中，进入“文件 > 从模板新建”（File > New from Template），如果设计师选择了 Mac App Icon 的模板，设计师就会看见 Sketch 为每种常用尺寸都创建好了画板。

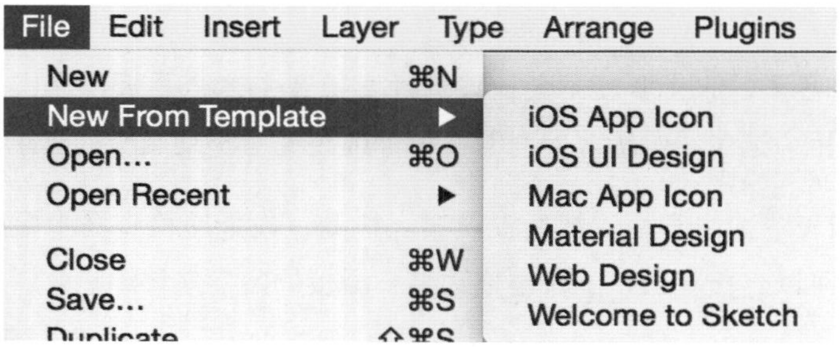

图 9-5 Sketch 默认模板

9.3 页面（Pages）

一个 Sketch 文件内可以包含多个页面。与其一个页面一个文件，不如将多个相关页面放在一个 Sketch 文件中。这样做的好处很多，比如说符号和共享式样将在一个 Sketch 文件中的所有页面内通用。

另一个多页面的好处就是，虽然每个页面都可以轻松地编辑 12 个画板，但是取决于不同的内容、大小和数量，设计师会发现把过多的画板分布在多个页面中会更加高效。

第 10 章
画布（Canvas）

Sketch 里的画布尺寸是无限的。如果设计师想在画布中设置一个固定的边框，可以直接用画板（Artboard）工具创造一个新的画板。

导航（Navigating）

使用画布中的导航是非常容易的，设计师可以直接用鼠标滚动滑动或者电脑的触摸板来控制方向。设计师还可以按住空格键，使用抓手工具移动画布。

没有任何对象被选中的时候，设计师可以用方向键来移动画布。不过这种方式效率不高。

使用 Page Up/Page Down 能够实现在页面中的切换。

放大（Zooming）

Sketch 中有一系列的快捷键来帮助设计师放大查看画布或对象，设计师可以按住 command 键并滚动鼠标滚轮来放大查看。设计师还能使用 Z 键快速放大某一特定区域，单击画布任一点画出矩形区域即可。

10.1 像素缩放（Pixel Zoom）

在 Sketch 里，设计师可以用两种方式查看设计师的作品，这两种方式可以在“视图 > 显示 / 隐藏像素网格”（View > Show/Hide Pixel Grid）当中切换。当设计师用 100% 的尺寸（实际尺寸）来查看时，这两个方式看起来是没有任何区别的，只有当图片放大时才会有区别。

如果设计师在意作品中每一个像素，那么像素模式就是设计师的最好的选择。设计师所看到的，就相当于先把这张图处理为 PNG 格式，再在 MAC 自带的预览中放大查看。

强制像素预览（Forced Pixel Preview）

有时设计师会发现无法退出像素模式，这是因为有些图层效果（模糊和色彩校正）必须在像素基础上工作。想要展现这些效果，设计师必须先栅格化图形，然后再添加滤镜。也就是说，虽然矢量预览不再适用，但 Sketch 可以强制显示像素预览。

当设计师无法退出像素模式时，Sketch 会弹出对话框告诉设计师哪一个图层在阻止设计师。如果设计师正在创作一个非常大的文件，那么强制像素预览将会帮助设计师节省不少时间。

10.2 标尺、参考线、网格（Rulers，Guides，Grids）

Sketch 里的这几个工具能帮助设计师把图层准确地放到理想的位置，可以沿着网格一条直线，或者在两个图层的正中间。

标尺（Rulers）

Sketch 当中的标尺在默认设置中是被隐藏起来的。Sketch 的画布是无限的，所以标尺也并不是固定的。设计师可以任意拖动标尺来设置起始点。

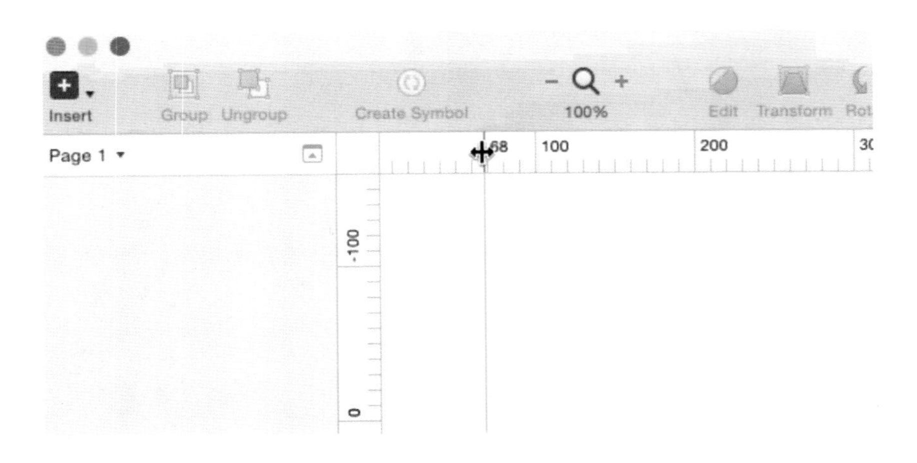

图 10-2 标尺设置

如果设计师想重新设置标尺原点，那么设计师可以双击标尺来设置。

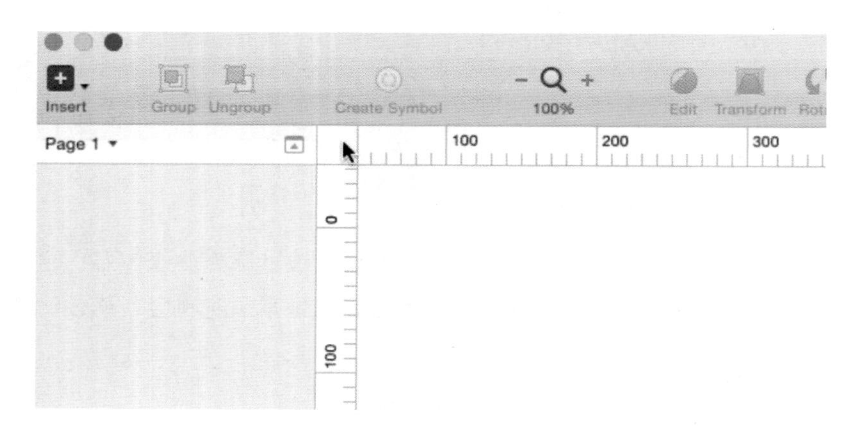

图 10-3 双击箭头位置重新设置标尺原点

设计师可以在标尺上任意一处双击鼠标，便可以手动添加参考线，只要标尺显示，手动参考线也会一直显示。想要移动标尺，设计师需要在标尺里按住鼠标拖动。想要移动手动参考线，设计师需要在标尺中选中参考线再拖动。想要移除手动参考线，则需要把参考线拖出标尺之外，并且“噗”的一声便会消失。

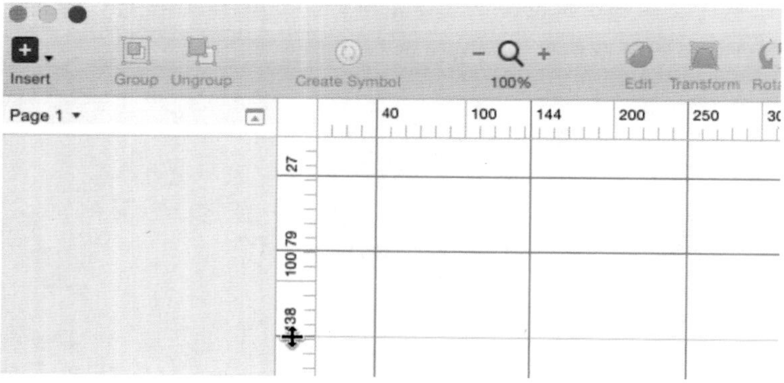

图 10-4 在标尺上手动添加参考线

参考线（Guides）

参考线在 Sketch 的默认设置中是被打开的，设计师可以同时按住 control 键和 L 键将其关闭。当设计师调节一个图层的大小或者移动一个图层的位置时，Sketch 会自动帮助设计师把这个图层与其他图层对齐。如果 Sketch 将某一图层自动与另一图层对齐，设计师会看见一条红线，两个图层便依据这条红线对齐。

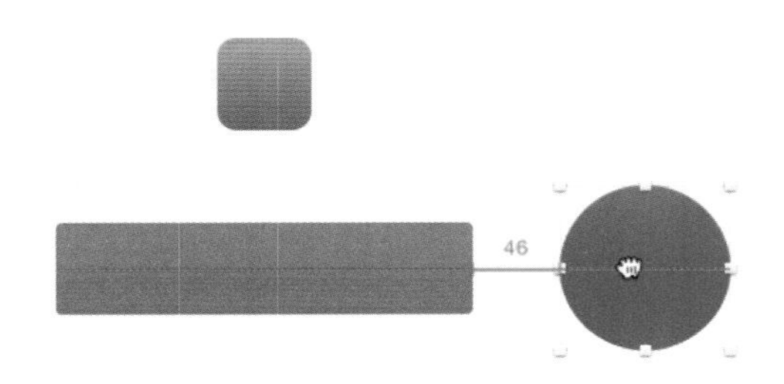

图 10-1 参考线调整

例图来源：Bohemiancoding.com 网站

网格（Grids）

Sketch 支持两种不同的网格：规则网格和布局网格。设计师可以根据需要选择适合的网格，这两者的区别显而易见。

规则网格（Regular Grid）

规则网格可以调节小方块的大小，以及粗线条出现的频率，默认的规则网格是由长度为 20px 的小方块组成的，每 10 个小方块出现一条粗线条。

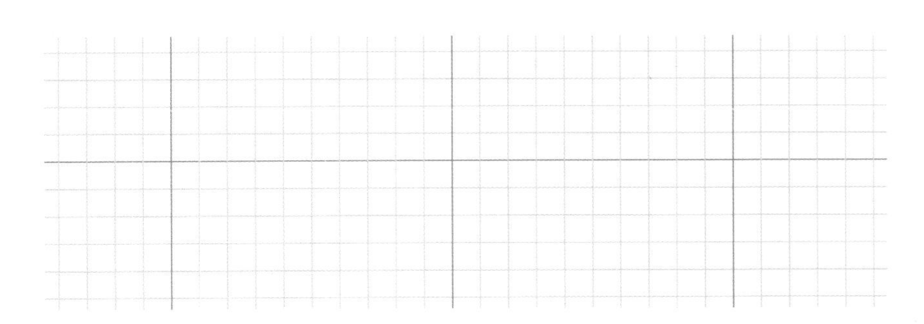

图 10-5 规则网格设置

设计师可以进入“视图 > 显示网格”（View > Show grid）来打开网格，在这里设计师还会看见“网格设置”（Grid Settings）的按钮。

布局网格（Layout Grid）

在布局网格里，设计师可以改变页面的总宽度，以及所含纵列的个数。

图 10-6 布局网格设置

同时设计师也可以修改每一个横排的高度和纵列的宽度，同时还有针对空白的设置选项。

Sketch 会尽力将网格放在画布的正中间，不过一旦画布大小发生改变，网格可能就不在正中间了，这时候设计师只需要按下 Center 键就可以让网格对齐到画布中心。

10.3 测量（Measuring）

Sketch 有一个很棒的内置工具，以确保设计师创作的内容能整齐排列。这对那些收到 Sketch 设计稿的开发人员来说也是个福音，开发人员能够轻松地查看每个元素之间的精确距离。

距离（Distance）

当设计师按住键盘上的 option 键，Sketch 会帮助设计师显示出设计师已选中图层与设计师的鼠标悬浮所在图层之间的距离。

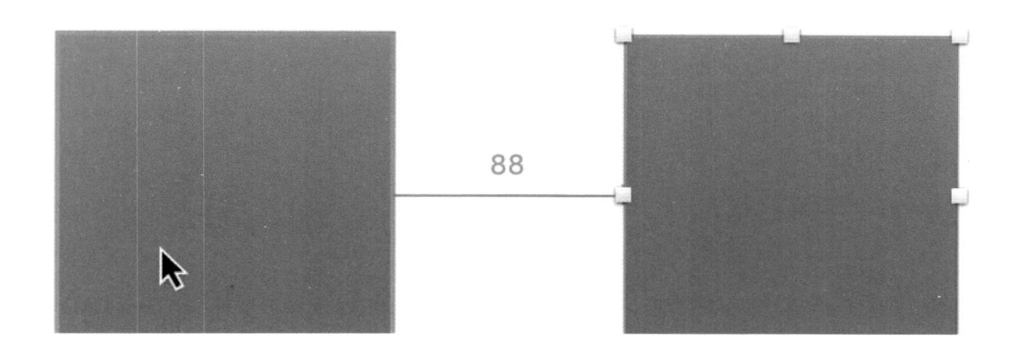

图 10-7 按住 option 键显示图层之间的距离（例图来源：Bohemiancoding.com 网站）

同样的，按住键盘上的 option 键，在移动一个对象时，移动到和另外两个对象的距离相等，Sketch 也会给设计师提示。

图 10-8 按住 option 键等距离移动多个图层（例图来源：Bohemiancoding.com 网站）

大小（Size）

如果设计师要调节一个图层的大小，那么 Sketch 也会帮助设计师显示出具有相同长度或宽度的图形数据。

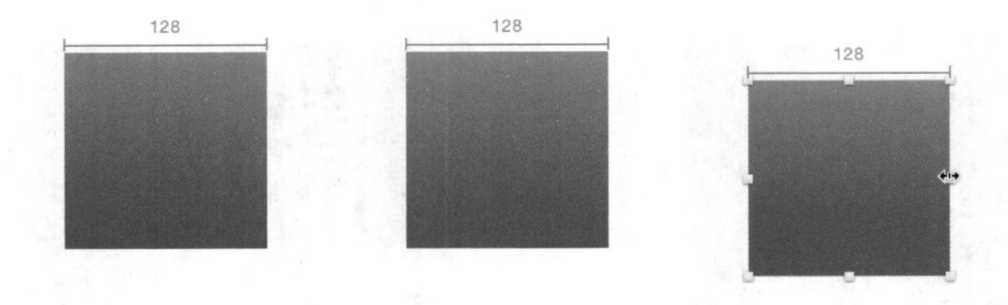

图 10-9 Sketch 自动适配同类型图形或者文本框大小（例图来源：Bohemiancoding.com 网站）

第 11 章 导出（Exporting）

设计师想要导出文件，可以从菜单栏进入“文件 > 导出…”(File > Export…) 或者直接单击工具栏中的导出按钮。Sketch 的画布是无限的，所以导出文件时，设计师要告诉 Sketch 导出哪个部分。

在 Sketch 3 中极大地改进了导出文件的流程。设计师单击工具栏中的导出按钮时，Sketch 会为设计师列出画布、画板、切片中所有可导出的图层。设计师可以从中导出部分或全部的图层。如果设计师事先选好了图层再单击导出按钮，那么 Sketch 会默认只帮助设计师导出那些图层。

11.1 导出图层（Exporting Layers）

Sketch 3 里可以直接导出画板中的任意图层和组。如果设计师只想导出一个图层，可以直接在检查器中实现。先选中图层，然后单击检查器底端的 Make Exportable。

图层 VS 切片（Layers or Slices）

导出图层意味着画布上其他的元素都不会被一起导出，如果它表面有一个图层或者有一个背景图层，也都不会被包含进导出的文件。这个方法适用于在画板中导出图标或者一个设计当中的小元素，但并不适用于导出整个画布设计。

图 11-1 导出图层设置

检查器立即显示出设计师将要导出一张原始尺寸的图片，没有前缀并且默认为 PNG 格式。

设计师可以单击检查器导出右边的 + 按钮，添加新的导出尺寸。默认情况下会是有着 @2x 前缀的 2 倍大小的图片，但这些都是可以调整的。如果设计师本来就在创作一个 @2x 的作品，设计师也可以为它添加一个 @2x 的前缀，然后再添加一个 0.5 倍大小的导出方式。

值得注意的是，Sketch 目前支持导出任意大小，如果设计师在设计 Android 设备元素，1.5 倍大小的导出也是能够实现的。

图层列表（Layers List）

在图层列表中，设计师会发现这些图层多了一个小刀的图标，说明这个图层是可导出的。下次设计师再从工具栏中点击导出按钮，这个图层也会和其他切片一起显示在列表中。

图 11-2 图层列表

设计师无需先建立切片也能直接从图层列表中导出图层。如果设计师直接在列表中将图层拖到 Finder 或者其他 App 里，Sketch 会迅速地帮助设计师导出一张 PNG 图片。如果按住 option 键，则会将它以 PDF 数据写入剪贴板中。

11.2 切片（Slices）

设计师能够将画布中的特定区域导出为一个文件。一个 Sketch 文件可以有无数个切片，每个切片都能导出不同的文件。

图层切片（Slices as Layers）

在 Sketch 3 中，切片被视为普通图层。这么做会有很多好处，比如说设计师可以把想要导出的多个图层编组，形成一整个切片。当设计师移动这个组的时候，切片也会跟着移动。

当图层显示为切片状态下的时候，在检查器中能够设置切片导出属性，这和导出图层是一样的原理。但要确保该图层为切片模式。

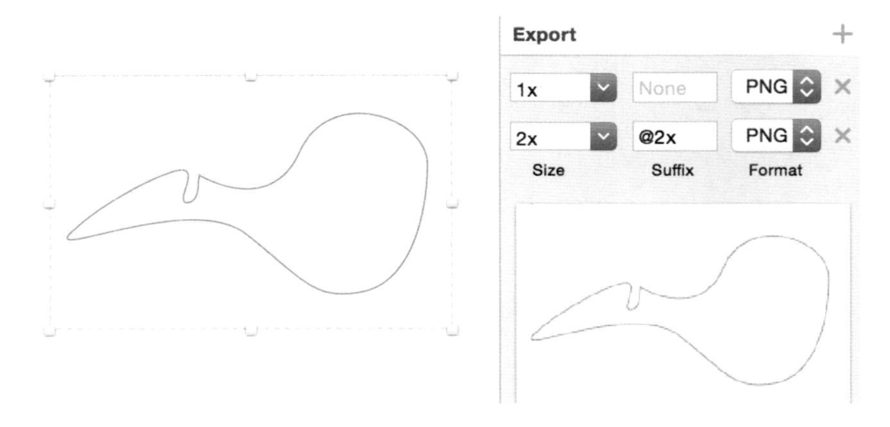

图 11-3 导出切片状态下的图层

如果设计师暂时不想花心思整理画布上的切片，设计师也可以在图层列表最下面关闭小刀按钮。

添加切片（Adding Slices）

设计师可以通过工具栏的“添加 > 切片”(Insert > Slice)，在画布上单击拖动鼠标创建一个新的切片区域。在切片工具中，设计师可以直接单击一个图层，Sketch 会立即围绕所选图层建立一个新的切片。

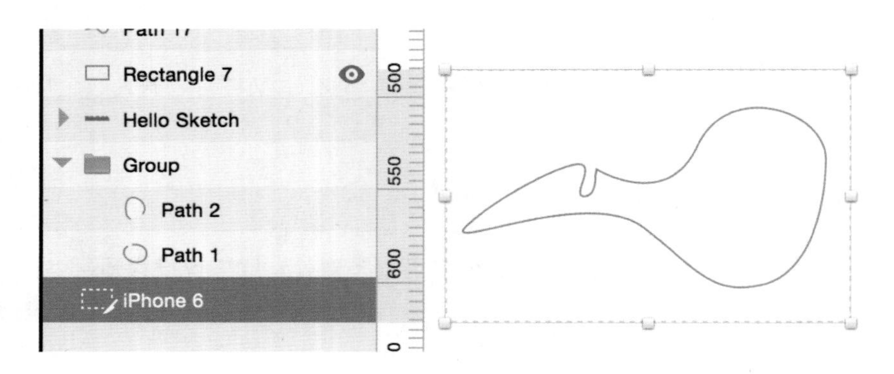

图 11-4 图层列表中切片图层有小刀图标显示

命名（Naming）

设计师可以为每一个切片单独命名，它们也会以这个名字保存。这里有一个很方便的小技巧：如果设计师在文件名中加入了一个斜杠 (“/”)，那么 Sketch 就会自动新建一个文件夹，并把这个文件放入其中。举个例子，如果设计师将切片命名为 foo/bar.png，那么 Sketch 会先帮助设计师创建一个叫做 foo 的文件夹，然后再创建一个叫 bar.png 的图片。

多尺寸（Multiple Sizes）

Sketch 3 新增了一个功能是可以从一个切片中同时导出多个图片。如果设计师在为 iOS 设备做设计，常常会导出 1 倍、2 倍或者 3 倍大小的图片。切片工具帮助设计师大大简化了这个步骤，设计师只需单击检查器中导出的 + 按钮来添加新的导出命令即可。

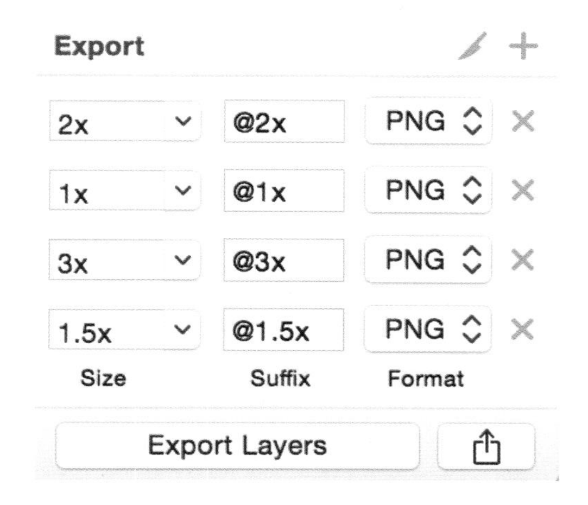

图 11-5 导出图层多尺寸设置

每个尺寸的图片都可以定制大小，文件格式和文件名前缀。当设计师同时导出两个以上图片时就必须要设定前缀，这样才能区分不同的文件。默认情况下，设计师添加的第二种导出会像苹果要求的那样，是一个带有 @2x 前缀的 2 倍大小图片。但设计师并不会被限制在 2 倍大小中，还能够以任何前缀名导出任何大小的图片。

设计师不仅可以导出 @2x 的 2 倍大小图片，还可以导出任意大小的图。如果设计师设计的是两倍图，设计师可以把 @2x 的 2 倍图缩小一半，得到 1 倍图。

仅导组内图层（Group Contents Only）

Sketch 2 当中有一个功能可以导出切片中的某些特定图层，一开始这是非常容易理解的概念，可是一旦设计师想改变一些元素或者替换一些内容时，这个过程就会变得非常糟糕。

在 Sketch 3 当中，每个切片都只有一个选择框——仅导出组内图层（Export Group Contents Only）。选中这个选项，就只会到导出那些在组内的图层，而不会导出表面或者背景图层等其他切片内的东西。

修剪（Trim）

每一个切片中都还包含一个修剪（Trim）选项。选中修剪后，每一个被导出的切片中的透明外围都会被剪去。

举个例子，设计师在文件中设置了一个 30 × 40 px 的切片选区，里面包含了一个 15 × 15 px 的圆形，与其修改切片选区的大小来贴合这个圆形，不如打开修剪（Trim）选项，Sketch 就会自动帮助设计师减去 30 × 40 px 选区内的所有透明部分，最后只留下 15 × 15 px 的图像。

11.3 文件格式（File Formats）

Sketch 支持导出的文件格式。

- JPG：照片文件所常用的格式，但不支持透明度。
- PNG：如果设计师画的内容中有透明的像素，选择 PNG 将是最好的选择。
- TIFF：支持透明度，但这种格式的文件会更大。
- PDF or EPS：保存矢量对象，目前基本支持。
- SVG：能很好地保留图形和文本的导出，但是不支持阴影使用这种格式，主要可以让该文件在其他应用中导入。

不支持导出的文件格式。

- PSD：Photoshop 文件是封闭且不支持导出的，如果设计师有 Adobe CC 的套件，那么设计师可以将 PS 文件导出为 .PDF，并导入 Illustrator。
- AI：Sketch 目前不支持 .AI 文件，但是 Illustrator 可以打开从 Sketch 里导出的 .PDF 或 .SVG 文件。

11.4 画板导出（Artboards）

Sketch 3 里的画板可以直接导出，只需先添加一个画板的导出尺寸。设计师单击导出时，Sketch 就会帮助设计师导出画板了。

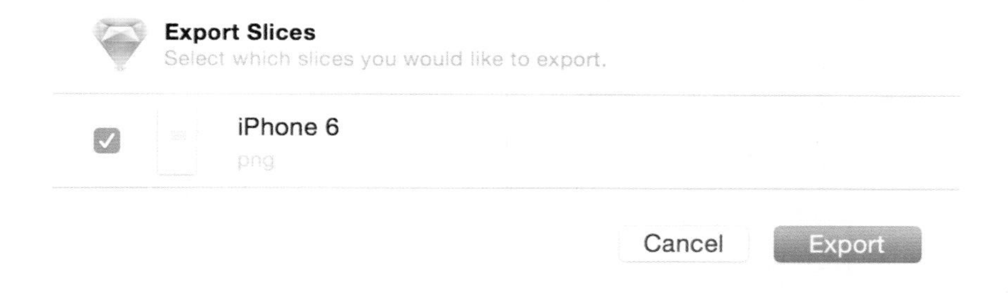

图 11-6 画板导出设置

当设计师的画布上已经有几个画板了，设计师第一次单击导出，Sketch 会推测设计师想要导出的画板，并自动把它们变为可导出的状态。

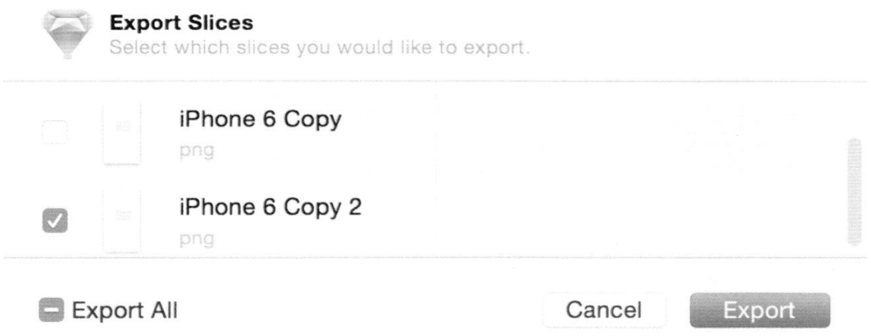

图 11-7 画板导出选择

11.5 CSS 式样（CSS Attributes）

Sketch 有一个贴心的小功能，能够帮助网页设计师将静态原型转化成真实的 HTML 代码。

当设计师在画布中选中了任意数量的元素，进入菜单栏中选择的“编辑 > 复制 CSS 属性”（Edit > Copy CSS Attributes），Sketch 便会为设计师选中的对象声明 CSS 中的边框、填充、渐变、阴影，以及文字样式。

Sketch 也会自动将软件当中的渐变转化为“CSS”当中的渐变。由于 CSS 中的渐变语法非常纠结，所以这个功能可以帮助设计师节省很多时间。

11.6 打印（Printing）

Sketch 中的画板和切片都是可以打印的。进入“文件 > 打印”(File > Print)，设计师就会得到一个画板列表——如果没有画板的话就会是切片列表。接着会出现一个标准的打印对话框让设计师设置打印需求。

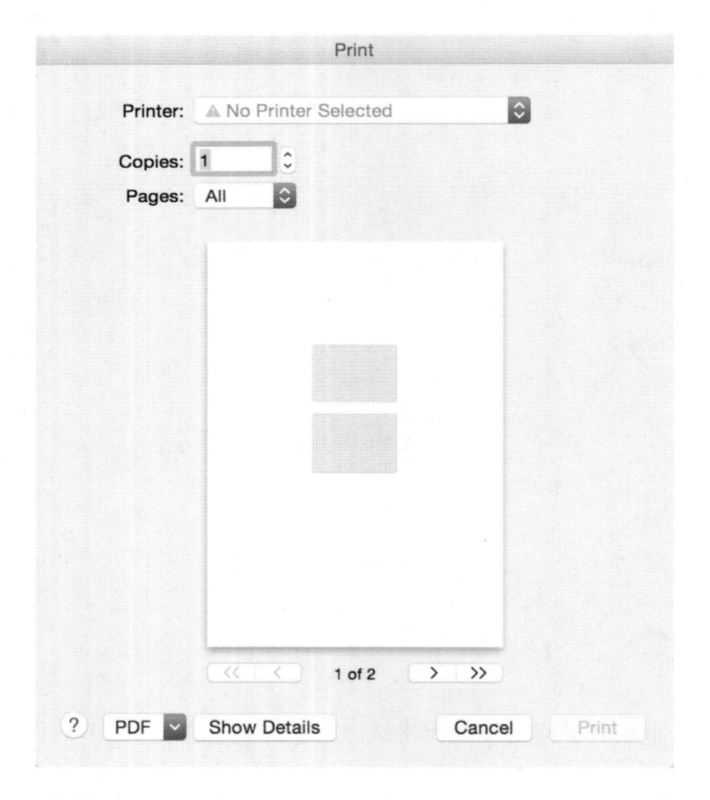

图 11-8 图层打印设置

值得注意的是，Sketch 已经为设计师设置了默认的 A4、A5 和 A6 大小的纸张，供设计师直接选择。

第 12 章 导入（Importing）

Sketch 支持导入几种不同格式的文件，设计师可以将文件拖进 Dock 中的 Sketch 图标，或者直接拖进一个已经打开的画布里。

支持导入的文件格式。

- JPG：照片文件所常用的格式，但并不支持透明度。
- PNG：如果设计师画的内容中有透明的像素，这将是最好的选择。
- TIFF：支持透明度，但这种格式的文件会更大。
- SVG：Sketch 支持导入 SVG 文件，但并不是 100% 支持。
- PDF or EPS：Sketch 支持导入 PDF 和 EPS 文件，但是和 SVG 一样，有一些概念无法支持，文件内容可能无法完整显示。

Sketch 暂时还不支持的文件格式。

- PSD：Sketch 只能以位图形式打开 .psd 文件。
- AI：Sketch 只能以位图形式打开 .ai 文件。

第13章 设置（Preferences）

Sketch 的设置分为通用设置、画布设置，以及图层设置三部分。

13.1 通用设置（General）

打开软件时（At Launch）

打开 Sketch 时，设计师需要创建一个新的文件，或者选择现有文件。

撤销（Undo）

Sketch 会将多个相似的操作视为一组，比如设计师连续多次使用方向键以便移动图层，但是只需一次撤销，即可恢复原来的位置。

字体渲染（Font Rendering）

当设计师做网页设计时，设计师会想打开子像素抗锯齿效果，但是为 iOS 设计时，设计师会想关掉它。

矢量导入（Vector Import）

这个选项让设计师在导入 PDF 或者 EPS 的时候，告诉 Sketch 是应该以位图形式打开，还是尝试解析其中的路径变成可编辑的图形。

Sketch Mirror（Sketch 镜像）

设计师选择 Mirror 浏览画布中的画板。这一部分，我们会在第 15 章中详细说明。

13.2 画布设置（Canvas）

Retina

Mac 和 iOS 的显示器会用 4 个像素来显示 1 个传统的像素。新的 Retina Mac Book Pro 上的像素是旧版本的 4 倍，但展示的内容是一模一样的，它们只是用更多的像素来展现图片和字体的更多细节。

默认设置下，Sketch 也会这么做，更多的像素会被用来展现细节，但是设计的物理大小保持不变。如果设计师不想使用这个功能，只想让显示器显示实际的每个像素，那么设计师可以关闭 Retina Canvas 的选项。

放大至选区（Zoom In on Selection）

如果设计师使用“视图 > 放大 / 缩小”（View > Zoom In/Zoom Out），Sketch 会从画布中心缩放。但如果设计师选中这个选项，则会放大至选中的图层。

缩小至上一位置（Zoom back to Previous Canvas Position）

让设计师缩小画布回到放大前的位置。在默认设置中，Sketch 会缩小至画布的中心，如果设计师想要编辑的图层在画布底端，这个选项能让设计师直接回到那里。

布局网格（Layout Grid）

布局网格可以是填充颜色的，或者只是有轮廓的，这取决于设计师的喜好。

13.3 图层设置（Layers）

比例缩放（Resize Proportionally）

如果新建组的比例是被锁住的，那么这个图只会按照固定比例缩放。如果没有锁住，可以任意改变其大小。

开启新组的直接选择（Enable Click-through for New Groups）

默认设置下，新建组的直接选择功能是关闭的。一旦打开，之后新建的任何组都可以直接选择。

位移贴图 & 对象复制（Offset duplicated Objects）

这个选项会让图像位移 10px，如果取消这个选项的话，设计师复制的图像则会粘贴在原图完全一样的坐标上。

贴合像素边缘（Fit to Pixel Bounds）

这个选项打开时，Sketch 会把所有图层尽可能地靠在像素边缘。但如果设计师手动在输入框输入有小数的值，Sketch 则会保留小数值。

同时，这个功能在旋转图层时也会被无视，因为旋转时本来就很难保持图层都在整数位置。

剥去文本式样（Strip Text Style）

对于设计师粘贴进 Sketch 的文本，将除去所有的字体、段落、颜色信息。当设计师从网页或者其他文本编辑器中拷贝文本过来时，将无视其原本的式样。

第 14 章
性能（Performance）

Sketch 的性能可以轻松地支持相当复杂的设计，但如果设计师创作出了一个很大的文件，那么有哪些因素影响着 Sketch 的性能呢?

模糊（Blurs）

模糊是非常消耗系统资源的效果。Sketch 需要先将图层渲染成一个位图（这已经很消耗资源了），然后再在上面添加一个模糊（这将更加消耗资源），模糊半径越大，消耗的资源也就越大。

一个半径为 1px 的模糊，Sketch 需要检查每一个像素周围的每一个像素，也就是说在计算新的平均值时，每个像素我们都需要检查它周围的 9 个像素的值。如果模糊半径为 2px，这些数据也会按比例增长。

请记住，背景模糊会比普通的模糊更加复杂和消耗资源，如果设计师想模糊一整张图片，那还是用普通模糊吧，不要用背景模糊。

阴影（Shadows）

这个规律同样适用于阴影，在图片上渲染阴影也是非常耗费资源的，阴影越多（大），延迟也就越长。带有扩散的内阴影效果更会消耗大量系统资源。

多页面（Multiple Pages）

Sketch 的一个画布 / 页面能轻松负载 12 个画板，但如果多个画板上都有大面积的阴影和模糊效果，文件操作起来就会很慢，解决这个问题最简单的方法，就是把一部分画

板移到新的画布 / 页面上去。

文本转化为轮廓（Text to Outlines）

布尔运算是一种非常复杂的数学运算，如果一个阴影效果包含了数个做布尔运算的子路径的话，那么文件就会遇到问题。

所以说设计师在将文本转化为轮廓时要格外谨慎。其实无需矢量化，文本也可以直接应用渐变效果。但如果设计师执意要将文本转化为轮廓，那么记得将每个字母都单独放在一个图层当中。

第 15 章

Sketch镜像（Sketch Mirror）

镜像（Mirror）是 Sketch 相关的 iOS 镜像工具，安装在 iPhone 以及 iPad 上，当它们与 Mac 处于同一网络状态下，能够实时预览 Mac 上的 Sketch 文件。对于产品规划和设计师来说，这个工具真的太方便了。

使用镜像（Use Mirror）

打开 Sketch，按照图 15-1 中的位置找到镜像（Mirror），并点击连接。

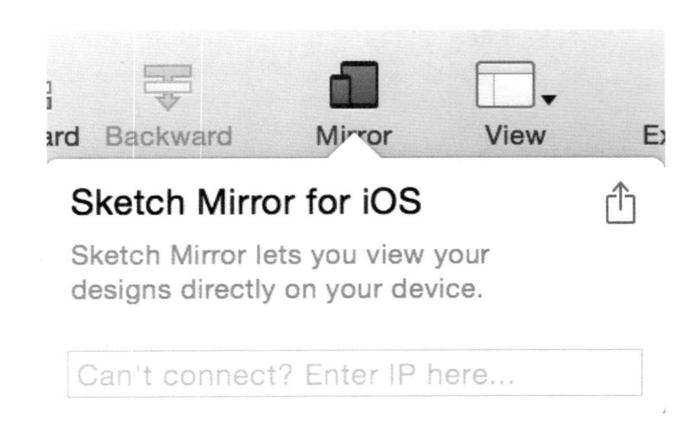

图 15-1 Sketch 镜像（Sketch Mirror）

同时，开启 iPhone 或者 iPad 上的 Sketch 镜像（Sketch Mirror），如果是在同一网络下，就能够实时预览设计。是不是很方便呢？

接着来看一下 iPhone 或者 iPad 上的 Sketch 镜像（Sketch Mirror），是如何与 Mac 上的 Sketch 链接的。

图 15-2 Mirror iPhone 应用

确定两个设备使用的是同一个 Wi-Fi 环境。同时打开两个应用，并在 Sketch 中选择 Mirror Toolbar。不管设计师如何编辑改变 Sketch 文档，都会在镜像（Mirror）中即时显示。

第 16 章 Sketch 工具箱（Sketch Toolbox）

Sketch 工具箱（Sketch Toolbox）是下载和安装 Sketch 插件的利器，并非是 Sketch 官方发布的，而是 Shahruz 在 Github 上提交了源代码的一个插件编译包。下载地址：https://github.com/shahruz/Sketch-Toolbox

使用 Sketch 工具箱（Use Sketch Toolbox）

直接在 Sketch 工具箱里面安装设计师感兴趣的插件，然后什么都不用做，再打开 Sketch，就会在菜单栏的 Plugins 里找到刚才下载的所有插件。

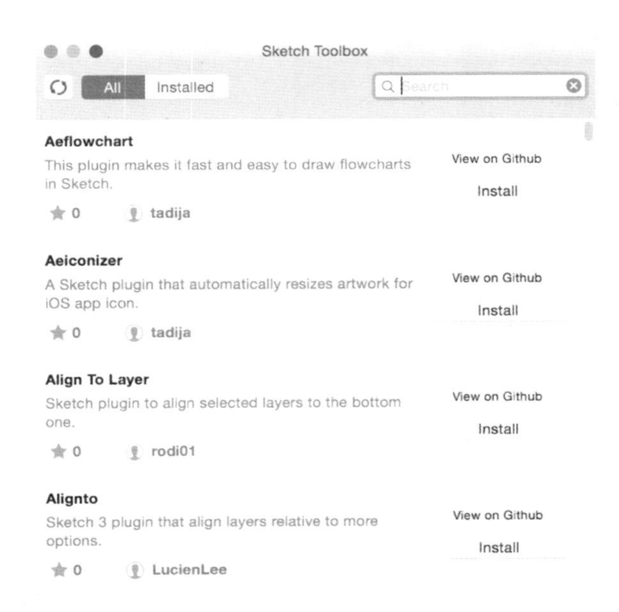

图 16-1 Sketch 工具箱（Sketch Toolbox）界面

在这里，主要介绍以下几款插件：

自动生成内容插件（Content Generator Sketch Plugin）

做 Mock up 的时候就再也无需操心占位内容，自动生成内插件（Content Generator Sketch Plugin）可以自动随机填充男性、女性或者自然风光的图片。选中需要填充的空白图像，通过“插件 > 内容自动生成插件 > 人物 > 图片”（Plugins > Content Generator Sketch Plugin > Persona > Photos），可以选择男性、女性或者自然风光的图片。

图 16-2 使用内容生成插件设计头像图标

也可以是用户的姓名、邮箱、电话或者地址。通过“插件 > 内容自动生成插件 > 人物 > 名称”（Plugins > Content Generator Sketch Plugin > Persona > Names），可以选择性别男、女或者随机姓名。

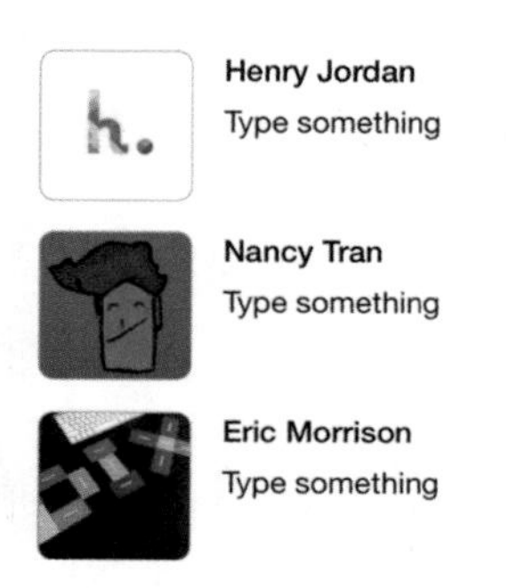

图 16-3 使用内容生成插件生成随机姓名

通过“插件 > 内容自动生成插件 > 人物 > 内容”（Plugins > Content Generator Sketch Plugin > Persona > Details），可以选择性别、邮箱或者电话号码。

Henry Jordan

bdaniels@blogxs.com

Nancy Tran

sprice@gabvine.gov

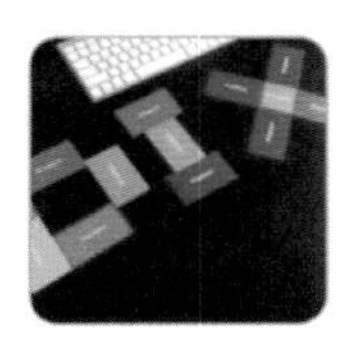

Eric Morrison

kchavez@avavee.info

图 16-4 使用内容生成插件自动生成邮箱

当然，设计师还可以设置文本为国家、时间等。

Sketch 测量插件（Sketch Measure）

Sketch 测量插件（Sketch Measure）超级智能地帮助设计师在作品上添加图形尺寸、距离、颜色、坐标、设置和文本属性的附注，方便快捷，而且成品整洁漂亮。完全不用设计师手写标注，搞定后导出成 PDF，直接发给技术小伙伴，大大提高双方的沟通效率。

通过“插件 > Sketch 测量”（Plugins > Sketch Measure），选择需要标注的属性类型。

图 16-5 通过 Sketch 测量工具标注矩形以及文本框宽度

这个插件会自动把附注编组，方便设计师修改和管理。

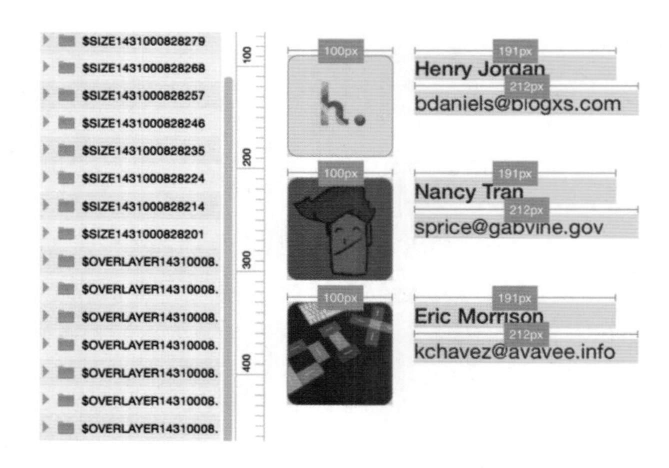

图 16-6 Sketch 测量工具附注编组会显示在图层列表中

Sketch 导出插件（Sketch Export Assets）

Sketch 导出插件用于导出符合 iOS、Android 以及 WindowsPhone 需要的图片元素，操作很方便。在画板中选择要导出的图层，之后通过“插件 > Sketch 导出插件”(Plugins

> Sketch Export Assets），选择要导出的平台，以及路径就可以了。

重命名插件（Rename It）

为了帮助设计师批量修改图层名称，使用 control + command + R 组合键。

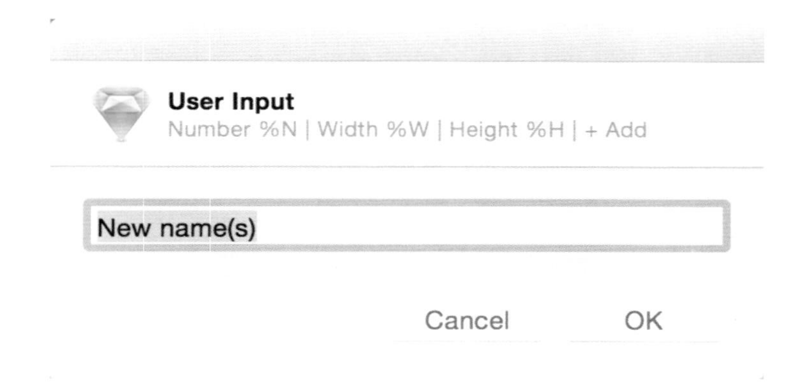

图 16-7 重命名插件设置面板

以下为四种具体的修改方式。

- 扩展图层名：输入“+”和设计师想添加的文本即可（如：+ button）。
- 图层名顺序：输入“%N”将图层名按顺序加上数字后缀；“%n”则是加上倒序的数字（如：item %N）。
- 保留并移动原图层名：输入新的图层名时，使用“*”号代替原图层名（如：big * button）。
- 添加图层长度和宽度：输入“%w”或者“%h”来添加图层的长和宽（如：rectangle %w 或者 rectangle %w x %h）。

动态按钮（Dynamic Buttons）。

不管按钮内的文本有多长，这个小插件都能让文本和按钮保持固定的 padding。

第 17 章
快捷键（Shortcuts）

Sketch 有一系列为数不多但相当实用的快捷键，能大大提高设计师的工作效率。

17.1 通用快捷键（General Shortcuts）

- control + h：触发选区手柄。
- control + l：触发自动参考线。
- control + g：触发网格。
- Space：抓手工具。
- Enter：编辑所选图层。
- ⌘+3：滚动至所选图层。
- ⌘+2：放大所选图层。
- Z：放大工具。按住 Z 键，用鼠标单击拖动出一个区域放大。缩小使用 Z + alt 组合键再用鼠标单击。
- Escape：退出当前工具，取消选择所有图层或返回检查器。
- Tab/Shift-tab：在当前群组中切换不同图层。

17.2 插入图层快捷键（Inserting Layers）

- R：添加一个矩形。
- O：添加一个椭圆。
- L：添加一条直线。
- U：添加一个圆角矩形。

- T：添加一个文本图层。
- V：添加矢量图层。
- P：铅笔工具。

17.3 移动和编辑图层（Moving and Resizing Layers）

- option + 拖拽鼠标：复制一个图层。
- option + 鼠标悬停：显示两个图层之间的距离。
- option + 更改图形尺寸：两边对称地更改图形尺寸。
- shift + 更改图形尺寸：等比更改图形大小。

以上列出的是一些隐藏的快捷键，但是还有更多的快捷键已经显示在菜单里了。熟练地使用这些快捷键真的能大大提高设计师的工作效率。

第 2 部分

实战篇

这一部分，结合 iOS 以及 Android 平台用户界面设计，举出移动 UI 设计实例。通过对不同模块和单元的练习，让设计师全面了解 Sketch。

针对移动应用不同元素来进行拆分讲解。在用 Sketch 实现的时候，会更多地从结构化的角度来阐述操作文档。这样做的目的是希望设计师在使用 Sketch 的时候能够做到“知其所以然”。

第 18 章 指示器（Activity Indicator）

18.1 指示器介绍

活动指示器显示了任务或进程正在处理中，这需要用户等待一段时间，直到任务或进程完成或者结束。

iOS 平台中的活动指示器是一个形似“菊花”的图案（如图 18-1 所示），在实际应用中会有一定的变化。

图 18-1 iOS 活动指示器

Android 平台中的活动指示器有两种，即条形和环形，并且有明暗两种状态（如图 18-2、图 18-3 所示）。

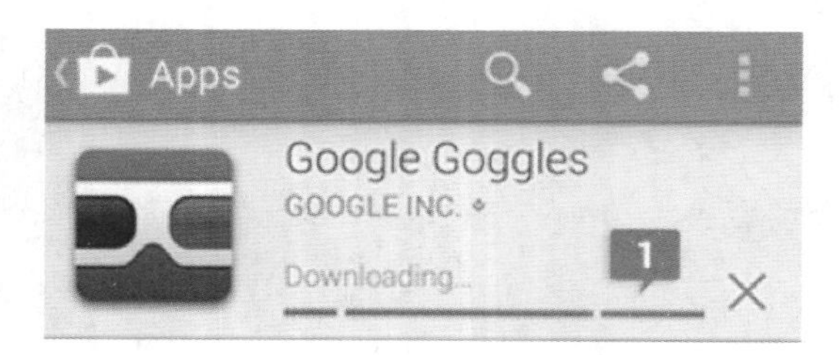

图 18-2 Android 条形指示器

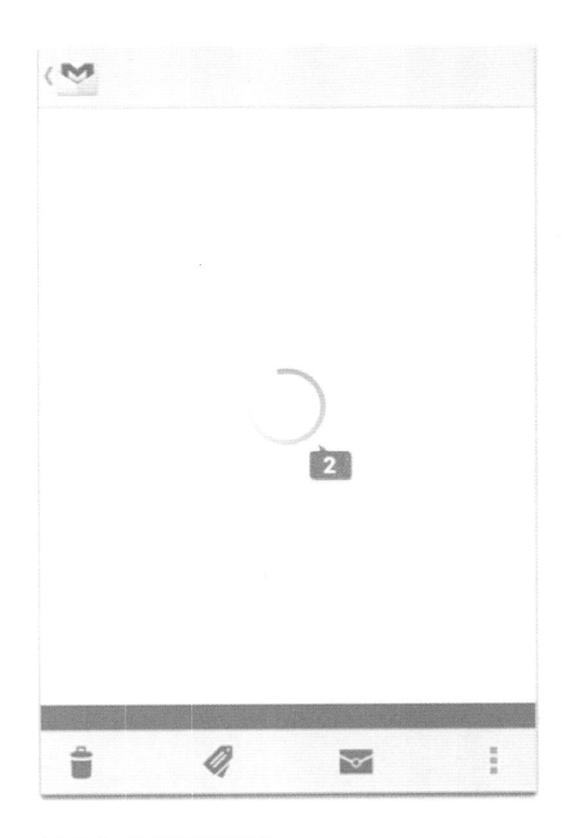

图 18-3 安卓环形指示器

当处理 / 加载任务时，活动指示器开始旋转，任务完成时自动消失。用户无须与之进行交互。

在工具栏或者主屏幕中使用活动指示器表明有进程正在处理，活动指示器并不提示何时结束进程。另外，关于活动指示器有以下几点需要注意：

- 不要展示一个静止的活动指示器，因为用户会认为这是一个停滞的进程。
- 使用活动指示器提示用户他们的任务或者进程正在进行中，要比告诉用户进程何时结束更重要。
- 如果合适，自定义活动指示器的尺寸和颜色，使之与视图的背景相协调。

18.2 Sketch 设计

Sketch 中，提供了 iOS 默认的指示器（打开方式：File > New From Template > iOS UI Design，如图 18-4 所示），可供设计师以及产品人员规划原型时直接使用。这一点与 Axure 中的组建类似，能够快速地将产品原型化，适合小团队针对处于 Demo 阶段的产品进行需求分析。

File Edit Insert Layer Type Arrange Plugins
New ⌘N
New From Template ▶
Open... ⌘O
Open Recent ▶
Close ⌘W
Save ⌘S
iOS App Icon
iOS UI Design
Mac App Icon
Material Design
Web Design
Welcome to Sketch

图 18-4 打开 Sketch 默认的指示器

接下来，参照 iPhone App store 中的应用更新列表，设计一款指示器——应用更新，如图 18-5 所示。指示器设计主要是图形的应用，本章节中主要是对圆形以及矩形的运用。

糖果萌萌消
版本 1.7.0，43.3 MB
新功能 ▼

图 18-5 App Store“环形”应用更新指示器

打开 Sketch，新建“画板”（ArtBoard，快捷键 A）。在 Sketch 右侧检查器中选择“iOS 设备”（iOS Devices）为 iPhone 6（375 x 667px），如图 18-6 所示。在后面的章节中，如无特殊要求，新建画板大小都为 iPhone 6（375 x 667px）。

▼ iOS Devices

iPad Portrait	768x1024px
iPad Landscape	1024x768px
iPhone 6 Plus	414x736px
iPhone 6	375x667px
iPhone 5/5S/5C	320x568px
Apple Watch 42mm	312x390px
Apple Watch 38mm	272x340px

图 18-6 选择 iOS 设备

在图层列表中将新建画板命名为“指示器”。

接下来，在指示器画板中设计需要更新的应用信息，包括应用图标、名称、版本、新功能以及指示器，操作步骤如下：

1. 设计应用图标，单击圆角矩形工具（快捷键 U），设置大小为 72 × 72 px，圆角（Radius）16。

2. 选择文本工具（快捷键 T），填写上名称、版本信息，设置字体、字号。设置应用名称字号为 18px，版本信息以及新功能字号为 15px。

3. 设计新功能以及提示箭头。有三种方法可以使用，一是直线工具绘图，之后填充颜色和边框；二是钢笔工具绘图；三是绘制圆形之后通过角计算来得到。这里首选的是钢笔绘图，因为它能够直接绘制封闭曲线，相比直线工具方便很多。

重点介绍一下第三种方式，使用圆形通过角计算绘制箭头。先绘制一个圆形（快捷键 O），然后双击圆形图像，在检查器（Inspector）中使用直线角（Straight），让节点变成角，如图 18-7 所示。这样就能很快绘制出来三角形了。

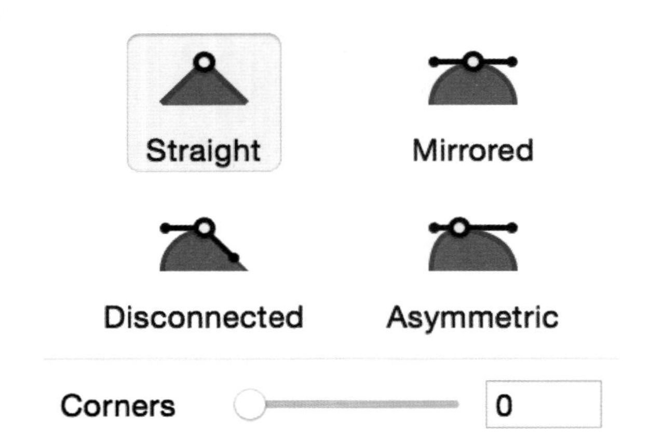

图 18-7 设置图形节点为直线角

接下来，绘制指示器。分析指示器，设计需要只有两层，一个是带蓝色边框的圆形，另一个是蓝色填充的正方形。首先绘制圆形，设置大小为 52 x 52px，取消填充，如图 18-8 所示。其次设置边框及厚度，如图 18-9 所示。正方形的绘制方法与圆形一致，不过正方形有填充，无边框。

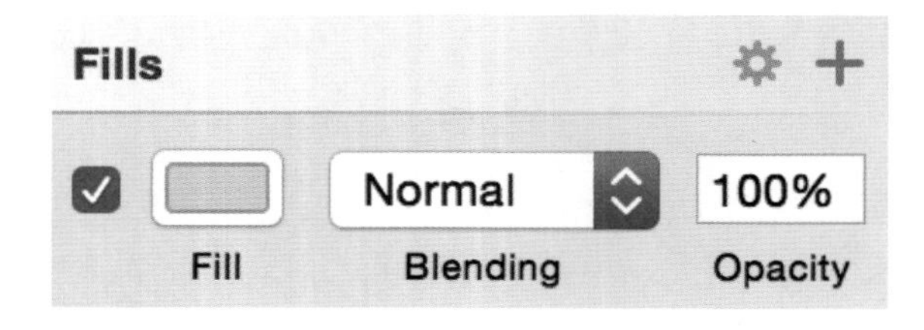

图 18-8 设置填充颜色

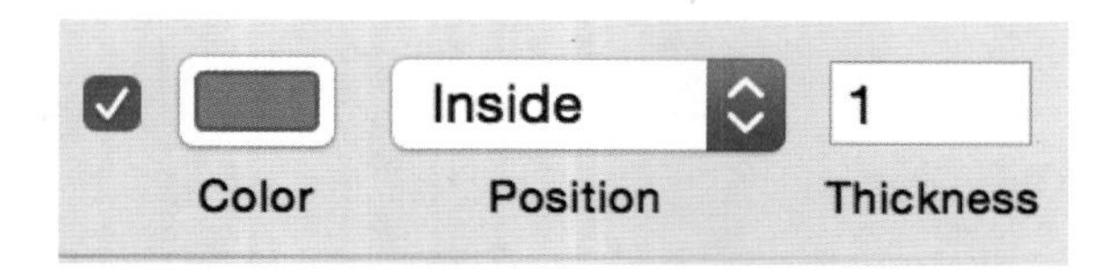

图 18-9 设置边框颜色以及厚度

完成的效果，如图 18-10 所示。

AppNAme
版本 1.0.1，43.3 MB
新功能 ▼

图 18-10 完成的效果

但是少了些什么呢？答案是应用图标以及实际的应用名称。找到一张游戏图，将图加入到刚才做的应用图标的上面一层。将图形和图片一起选中，在工具栏中点击“蒙版”（Mask）最终效果如图 18-11 所示。

糖果萌萌消
版本 1.0.1，43.3 MB
新功能 ▼

图 18-11 最终效果

18.3 小常识

1. 关于 iOS 中文 / 英文字体的问题

中文字体是 Heiti SC，中文名称叫黑体 - 简。这是全新的字型，与黑体 - 繁同以华文黑体为基础开发，成为 Mac OS X Snow Leopard 与 iPhone OS 3.0（版本 4.0 后改名为 iOS）之后内建并同时为预设的简体中文字型。虽与华文黑体为两套字型，但差异微小，仅在排列上有差距，笔画的差距也十分微小。

英文（数字）字体是 Helvetica neue LT。一种广泛使用的西文无衬线字体，由瑞士图形设计师马克斯 • 米耶丁格（Max Miedinger）于 1957 年设计的。无中文名称，Linotype 公司在 1983 年发布“Neue Helvetica”字体，增加了更多不同的粗细与宽度的选择，作为 iOS7 的默认西文字体。

2. 关于画板背景的问题

在 Sketch 左侧的图层列表中，单击画板名称，可以看到检查器中也有了变化，能够设置艺术版的背景色。这里请不要设置背景色（如图 18-12 所示），如果规划设计中需要设置背景色，那么请使用单独的图层并给图层设置颜色。这么做的原因是，如果艺术版有背景色，那么后期使用 Sketch ToolBox 的时候，各个元素导出的设计图会带有背景色，而不是透明的。

图 18-12 取消勾选背景色设置

第 19 章
提醒对话框（Alert View）

19.1 提醒对话框介绍

提醒对话框也叫警告框,可以提示用户影响他们的设备或者 App 使用过程中的重要信息。提醒对话框是用户使用产品过程中，产品和用户之间的交互方式之一。通过提示用户，使用户能够顺利地体验和使用产品。提醒对话框大致有以下分类。

按照是否弹出，分为弹出类和非弹出类。有些提醒对话框是不弹出的，例如登录授权的状态。有些会弹出提示操作行为。对于两种类型的所占比例，目前还没有一个明确的分析。不过，希望大家能够针对自己的项目来确定。要以用户体验为先，考虑应用场景，这样就会相对合理了。

按照功能分类，主要有登录类、购买类、下载 / 更新类、操作确定类，等等。登录类提醒对话框主要用于登录 / 退出提示，以及成功 / 失败后的提醒。购买类提醒对话框主要在购买过程中，用于确认 / 取消购买行为。下载 / 更新类提醒对话框，是在应用更新 / 下载时才会用到的。操作确定类主要用于应用内操作，需要确定 / 取消行为。

按照大类型分类，主要有游戏类和非游戏类。相对于非游戏类应用，游戏类应用根据游戏会设计出特别的 UI,游戏类应用的提醒对话框具有多样性的特点。而非游戏类应用，大多以 iOS 或者 Android 提供的默认提醒为准。在整个用户操作指南中，不以游戏应用为主。

按照可编辑类型分类，主要有可编辑类和非可编辑类。可编辑类提醒对话框，在抽奖 / 中奖类 App 中用到的比较多，而且大多需要输入手机号码之后确定。

19.2 Sketch 设计

Sketch 中提供了 iOS 默认的一套提醒对话框设计，打开方式为选择“文件 > 从模板中创建 > iOS UI 设计”，(File > New From Template > iOS UI Design，如图 19-1 所示)。

图 19-1 Sketch 默认 iOS UI 设计打开方式

默认提醒对话框如图 19-2 所示。

“An App” Would Like to Send You Notifications
Notifications may include alerts, sounds and icon badges. These can be configured in Settings.
Don’t Allow
OK

图 19-2 Sketch 默认 iOS UI 设计中的默认提醒对话框

Android 系统中也有类似的默认设置，没有标题栏的提醒对话框，如图 19-3 所示。

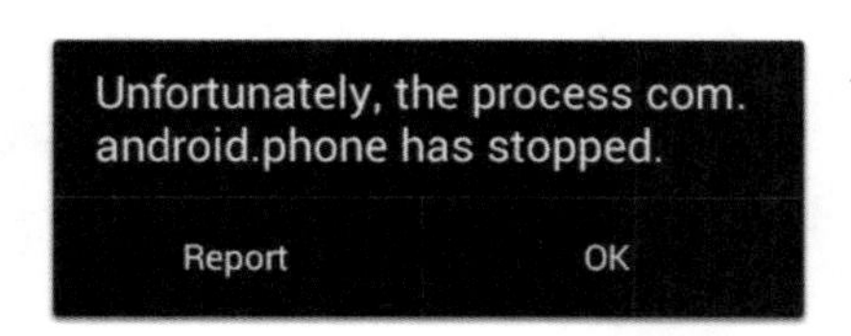

图 19-3 Android 平台下不带标题栏的提醒对话框

带有标题栏的提醒对话框，如图 19-4 所示。

图 19-4 Android 平台下带有标题栏的提醒对话框

接下来我们设计一款提醒对话框，目标效果如图 19-5 所示。

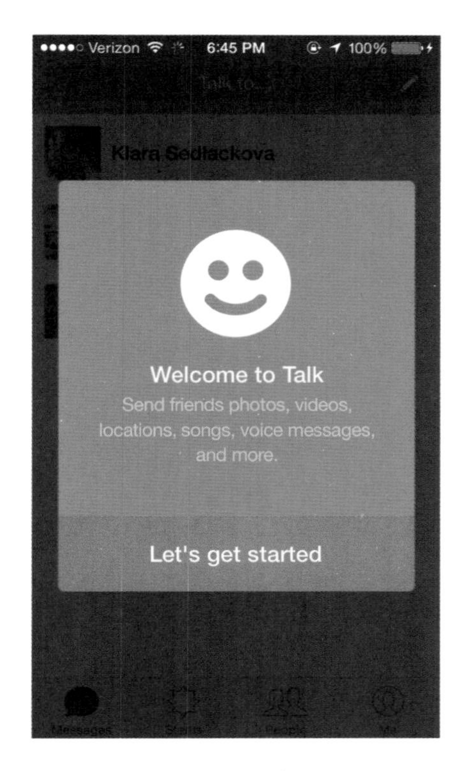

图 19-5 提醒对话框设计效果展示

分析目标，主要包含：应用主界面以及半透明黑色背景，提醒对话框背景、图标（icon）、提醒对话框标题和内容，以及提醒对话框操作按钮。

这么分析主要是为了后期设计过程中能够将 .sketch 文件的图层进行分类并建立编组，在后期导出图片过程中会变得方便、快捷。在团队协同中，对每个组能够约定俗成，形成固有的规则，工作效率也会提高。

接下来规定组（Group）的名字。

AppMain：App 主界面

AppBackground：App 半透明背景

AlertView：提醒对话框

- AlertViewBg：提醒对话框背景

- AlertViewIcon：提醒对话框 Icon

- AlertViewTitle：提醒对话框标题

- AlertViewContent：提醒对话框内容

AlertViewStart：提醒对话框操作

操作步骤：

1. 打开 Sketch，新建画板（Artboard，快捷键 A）。

2. 绘制矩形，快捷键 R，与画板大小一致。无边框、调整填充，如图 19-6 所示。

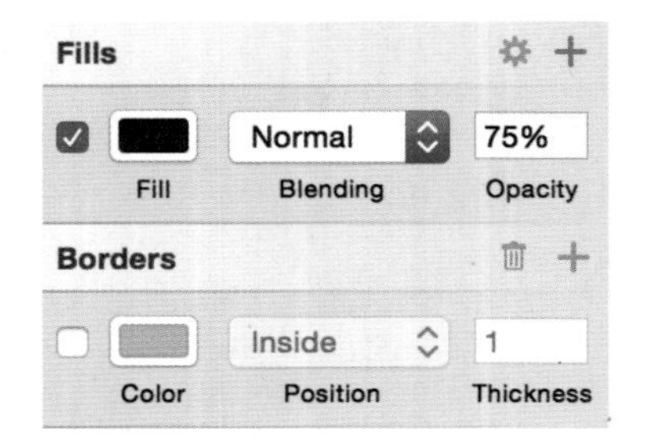

图 19-6 调整矩形填充颜色

3．设计提醒对话框背景，设计圆角矩形（快捷键 U），大小为 330 × 390px，颜色填充值为 #E33124。

4．设计提醒对话框操作背景，颜色比设计对话框背景深一些，设计圆角矩形（快捷键 U），大小为 330 x 70px，颜色填充值为 # D32D21。

这里需要应用到点运算，将左上角和右上角的两个点调整为直线角。双击矩形，进入图形编辑模式，选中左上角的点，在检查器中选择直线角（Straight），并将角半径设置为 0，如图 19-7 所示。右上角的调整方式与左上角的调整方式一致。

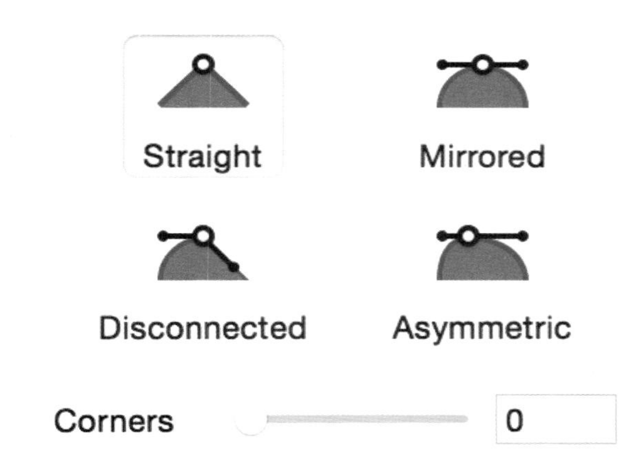

图 19-7 调整点为直线角

实际效果如图 19-8 所示。

图 19-8 调整点为直线角后显示

5．设计提醒对话框图标，由圆形和曲线组合而成。这里比较难的是嘴巴，用钢笔工具来设计，可使用快捷键 V。使用钢笔工具最重要的是调整好曲线和曲率，如图 19-9 所示。

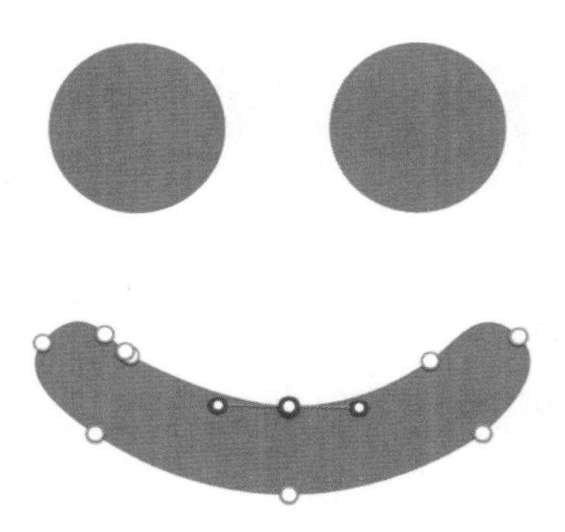

图 19-9 使用钢笔工具绘制路径

6．通过文字工具，在设计中添加提醒对话框标题（AlertViewTitle）和提醒对话框提示内容（AlertViewContent），以及行为按钮提示内容就可以了。

7．最终效果，如图 19-10 所示。

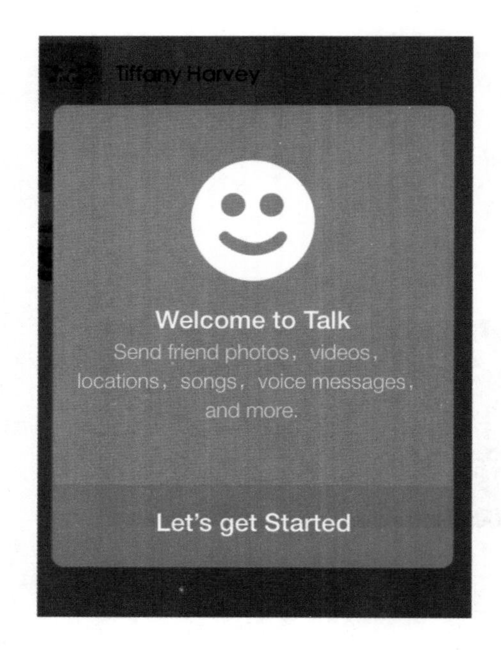

19-10 最终效果

1．笑脸中的微笑设计，使用的是钢笔工具，是通过对节点的曲率控制来完成的。

2．Sketch 能够设计出上面是直角、下面是圆角的矩形。首先，设计出圆角矩形。其次，双击圆角矩形进入点模式。然后，在检查器中调整角的半径为 0 就可以了。

3．提醒对话框会在 App 屏幕中间位置弹出，并且悬浮在视图上。提醒对话框以其独立的外观来强调 App 或者设备上发生了改变的事实，而不一定是用户最近操作造成的结果。用户在继续使用当前运行的 App 前必须解除掉提醒对话框。

4．提醒对话框通常至少包含一个按钮，用户点击按钮来解除提醒对话框。默认情况下，提醒对话框展示一个标题，并展示提供额外信息的消息。提醒对话框可以包含一个或者两个文本域，其中一个是安全的文本输入域。提醒对话框的背景外观是系统指定的，不能更改。

第 20 章 按钮（Button）

20.1 什么是按钮

按钮是从工业设计演变而来的，是一种常用的控制电器元件，常用来接通或断开“控制电路”，从而达到控制电动机或其他电气设备运行目的的一种开关。

从互联网 / 移动互联网方面解读：按钮，是一种常用的控制界面行为的组件，常用来确定或者取消用户的某些页面行为，从而达到浏览页面、体验使用产品和产品功能的目的。

一个按钮可以包含文字或者图片，如图 20-1 所示。

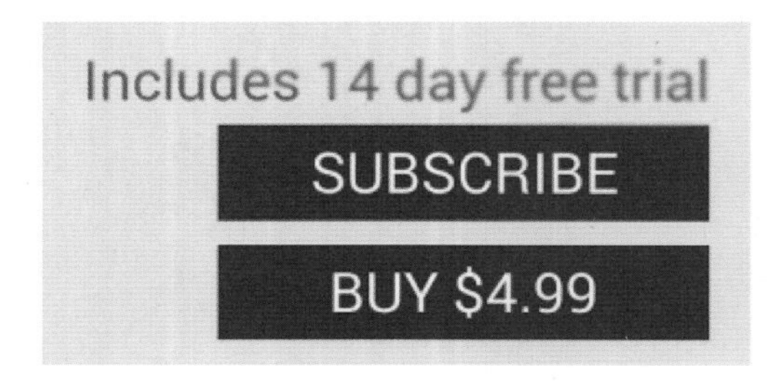

图 20-1 文本式按钮

一个按钮也可以包含文字和图片的混合，如图 20-2 所示。

图 20-2 文字和图片混合按钮

按钮的演变

互联网行业中，按钮的演变主要有以下特点：

- PC 向移动的变化，这主要是随着移动互联网发展而兴起的。
- 复杂向简单变化，主要体现在配色、形状、大小方面。
- 杂乱向规则变化，尤其是在移动互联网中的应用，越来越规范化。
- 按钮会越来越少，甚至有可能在移动应用中，被手势所取代。

其中游戏类按钮为了适应游戏，吸引、引导玩家，会做得非常酷炫，这和常规的应用，遵循规范化的按钮设计是不同的。

按钮的状态

按钮的状态主要有四种：默认状态（一般）、点击时状态（滑入）、点击后状态（按下）以及感应区。大多数网络以及应用中，会遵循三种状态（默认 / 一般、点击 / 滑入、点击后 / 按下），有些只有两种状态，有些甚至只有一种状态。感应区在 PC 以及移动互联网都有应用，主要是为了增加按钮的感应区域，增强按钮的灵敏度，方便用户操作。

此外，按钮还会有一种灰选，或者称之为禁用状态。在移动应用中，主要体现在应用使用第三方授权登录的时候，授权加载或者登录时，用户提示而采用的。

多数情况下，在 iOS 以及 Android 平台下的按钮有两种状态，默认以及选择状态，一个为填充颜色状态，另一个为非填充颜色状态。这也符合当前的移动扁平化设计。

20.2 Sketch 设计

我们来设计一款简单的文字按钮。实际效果如图 20-3 所示。

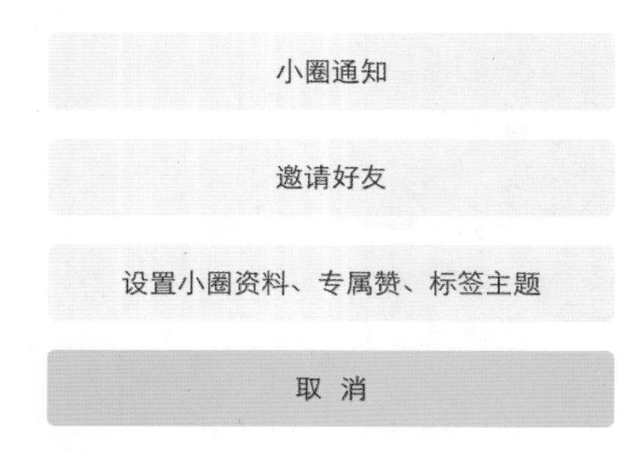

图 20-3 设计参考目标

首先分析设计目标，主要有按钮背景、按钮框以及按钮文字，设计过程中主要是对圆角矩形以及文本工具的使用。如果对第一部分基础章节的内容非常了解，那么这种按钮的设计会很容易，具体操作可参考第一部分的内容。

20.3 小常识

在 iOS 中，除了 Button 之外，还有联系人添加按钮（Contact Add Button）、细节展示按钮（Detail Disclosure Button）、信息按钮（Info Button），以及系统按钮（System Button）。

联系人添加按钮：联系人添加按钮可以让用户把现有联系人添加至文本框或者其他基于文本的视图中，如图 20-4 所示。

图 20-4 联系人添加按钮

细节展示按钮：细节展示按钮展示了与项目相关的细节或功能，如图 20-5 所示。

图 20-5 细节展示按钮

信息按钮：信息按钮用以展示 App 的配置信息，有时显示在当前视图的背面，如图 20-6 所示。

图 20-6 信息按钮

系统按钮：系统按钮执行 App 特有的动作，如图 20-7 所示。

Button

图 20-7 系统按钮

第 21 章 标签栏（Tab Bar）

21.1 标签栏介绍

标签栏可以让用户在 App 中的不同子任务、视图，以及模式中进行切换，如图 21-1 所示。

图 21-1 iPhone 标签栏

标签栏被置于屏幕的底部边缘，并且应该能在 App 的任何位置都能访问到。标签栏是半透明的，并在标签上展示文本和按钮，所有标签都是等距的。当用户选中一个标签，图标就会适当的高亮。

在 iPhone 上，标签栏一次最多只能显示 5 个标签。如果应用有更多标签，那么标签栏会显示其中四个，其余的会以列表形式出现在“更多（More）”标签里面。

在 iPad 上，标签栏可以展示超过 5 个的标签，如图 21-2 所示。

图 21-2 iPad 标签栏

一个标签可以展示徽标。徽标是一个红色圆圈，包含白色文本、数字或者感叹号，用以传达 App 特有的信息。

标签栏的高度不会因设备方向的改变而改变。

21.2 Sketch 设计

以手机 QQ 标签栏为目标参考，给大家示范。目标效果如图 21-3 所示。

图 21-3 手机 QQ 标签栏

分析手机 QQ 标签栏（Tab Bar）的结构。

背景（TabBarBg）与主体背景一致。

图标（Icon），主要为消息、联系人，以及动态图标。

文本（Text），对应图标的文本。

反色（invertColor），当选中标签时，图标为实色填充。

接下来，我们来具体操作设计手机 QQ 选项卡。

1. 新建艺术版（快捷键 A）。

2. 设计界面背景。拖出矩形（快捷键 R），大小为 375 x 667px，在检查器中设置颜色为 #F8F8F8。

3. 新建横线（快捷键 L），长度为 375px，Y 轴坐标为 610，在检查器中各项设置如图 21-4 所示。

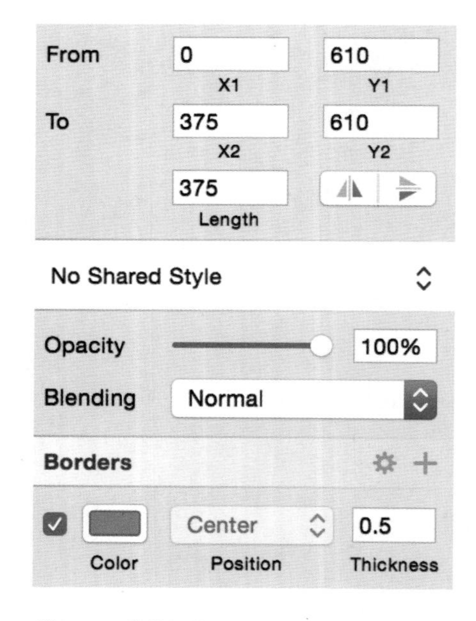

图 21-4 横线设置

4. 设计选项卡的三个图标。

第一个，消息图标。先绘制一个椭圆形（快捷键 O），双击图形，进入编辑模式，在图形边框增加节点并调整节点，如图 21-5 所示。

图 21-5 图形点编辑模式

添加如下的节点并拖动，形成对话框式的效果。然后点击节点，调整曲线角度，在检查器中的设置如图 21-6 所示。

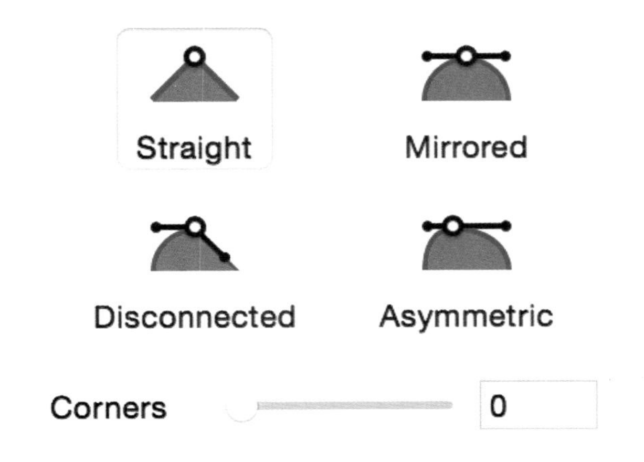

图 21-6 在检查器中调整点模式

重复上面的步骤，设置其他两个节点。最终效果如图 21-7 所示。

图 21-7 消息图标设计效果

调整图形大小并填充颜色，在检查器中设置如图 21-8 所示。

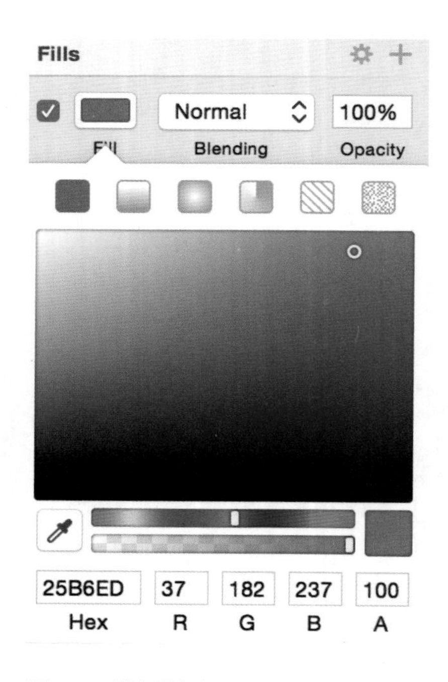

图 21-8 消息图标设置

联系人图标、动态图标的设计主要是使用钢笔工具设计，通过曲线调整细节。实现后的效果如图 21-9 所示。

图 21-9 联系人图标与动态图标设计

添加图标下的文字，调整文字颜色、字体以及字号，效果如图 21-10 所示。

图 21-10 增加图标描述文字后的效果

设计消息信息提示。对圆角矩形或圆形的应用，效果如图 21-11 所示。

图 21-11 添加消息信息提示后效果

标签栏最终的设计效果，如图 21-12 所示。

图 21-12 标签栏最终设计效果

21.3 小常识

选项卡是 App 导航设计的一种形式，此外还有抽屉式导航，桌面式导航，列表式导航，Tab 导航，图库式导航等形式。

1．抽屉式导航：抽屉式导航是目前比较流行的导航样式，是应用选择比较多的一种导航方式，这种导航的核心思想就是隐藏，将最主要的信息显示在界面上，而将非核心的信息隐藏，抽屉式导航内可以是二级列表导航如人人网，也可以是一些重要信息展示。这种导航方式的优点是：导航的条目不受数量限制，而且可根据选项的重要等级选择提供入口，或者将内容展示，操作灵活性比较大。缺点是：对于那些需要经常在不同导航间切换或者核心功能有一堆入口的 App 不适用。同样应该注意的是，使用抽屉式导航时应该与用户密切相关的操作放置在首页。

2．桌面式导航：桌面式导航是将 App 的各项重要功能的操作入口以卡片的形式放置在桌面上，用户可根据需要进入每个功能的子系统。这种导航方式，使桌面的每一个功能入口都是平等的，没有重要与不重要之分。这种导航方式可以根据用户需求个性化设置，用户可以自己添加选项入口。

3．列表式导航：列表式导航与桌面式导航类似，每个列表项代表相应的功能的子系统，这种导航方式适用于类别、方式、类目比较多的情况，适合整理分类，但是要注意使用这种导航方式避免层级过深，尽量不要超过 3 层，否则用户很容易迷失在信息当中。

4．Tab 导航：这种导航方式是目前应用最广泛的一种导航方式，这种方式的最大优点就是能及时在不同选项之间进行切换，用户能清晰地知道目前所在位置，缺点是选项数量有限，页面展示位 3 ~ 5 个，有更多的选项操作时可以将最后一项设置为“更多”，将一些次要功能放置在“更多”里。并且这种显示方式会占用屏幕的一行空间。

5．图库式导航：图库式导航应用于页面内容为分组式浏览，主要应用在有一组内容相关、有相同标签子项目的 App，如 pulse、优酷等。这种导航的优点就是能看到导航下的推荐子项目，没必要时不时切换页面。

当然这些导航方式不是孤立的，对于内容比较复杂的 App 会常常混合其中的几种导航方式，至于 App 应该采用哪种导航架构，首先应该根据 App 的特性选择适合哪几种导航模式，然后再根据各个导航的优缺点确定适合的导航方式。

第 22 章 导航栏（Navigation Bar）

22.1 导航栏介绍

导航栏一般位于状态栏下方，引导用户在选项卡（Tab Bar）界面或者其他界面中，进行跳转的功能操作。也有些人把导航栏与工具栏混淆。严格来说，它们是有区别的。我们来看看哪些地方是 iOS 导航栏和选项卡，如图 22-1 所示。选项卡界面不同，导航栏也会有所不同，如微博手机客户端。有些导航栏上会集成工具栏，有些导航栏会集成选项卡，如网易新闻客户端。Android 设备下的移动应用也逐渐采用类似的设置。

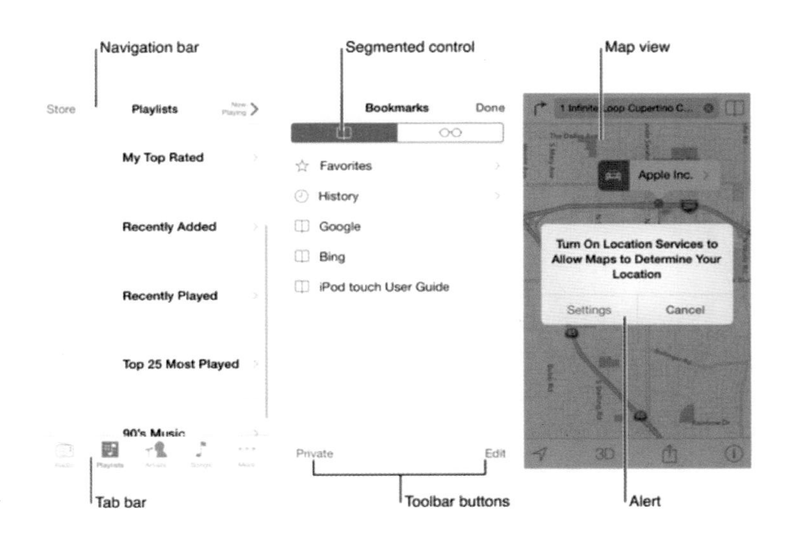

图 22-1 iOS 设备中的导航栏和选项卡

除非导航设计得不合理，不然用户不应明显察觉到应用中的导航体验。放置导航到一个能够支撑应用结构和目的，却又不过分引起用户注意的状态。

广义来说，有三种主要类型的导航，每种导航都有其适应的应用结构：

- 分层应用
- 扁平应用
- 内容或经验驱动应用

在分层应用中，用户在每个层级中都要选择其中一项，直到目的层级。如果要切换到另一个层级，用户必须回退一些层级，或者直接回到初始层级进行再次选择。系统的设置和邮件应用在这方面是很好的示范，可以作为参考。

在扁平应用中，用户可以从一个主要分类直接切换到另一个，因为所有的主要分类都可以从主屏直接访问。音乐和 App Store 是两个使用扁平结构的好例子。

在内容或经验应用中，导航的内容也会根据内容或经验来进行设计。例如，在阅读一本电子书时，用户会一页接一页地进行阅读，或者在目录中选择想要阅读的页码，跳转后开始阅读。同样，在游戏应用中，导航的作用也非常重要。

在某些情况下，在一个应用中结合多种导航类型会有很好的效果。例如，对于扁平信息结构中某一分类下的内容，用分层导航的方式来显示可能会更好。用户应该时刻清楚自己当前在应用中所处的位置，以及如何前往他们所想到的页面。

无论导航类型是否适合你的应用结构，最重要的是用户访问内容的路径应该是合理、可预期和易于寻找的。

使用导航栏（Navigation Bar）帮助用户轻松访问分层内容。导航栏的标题可以显示用户当前所处的层级，而后退按钮可以回到上一层级。

22.2 Sketch 设计

Sketch 文件中提供了状态栏、导航栏，以及部分标签栏的模板以供快速设计，甚至可以直接使用。打开方式为选择“文件 > 从模板中创建 > iOS UI 设计”（File > New

From Template > iOS UI Design)，如图 22-2 所示。

图 22-2 Sketch 默认 iOS UI 设计打开方式

Sketch 默认 iOS UI 设计中的四种导航栏，如图 22-3 所示，从上到下依次为：预留状态栏的导航栏，没有状态栏的导航栏，没有标题的导航栏，有分段选择器的导航栏。

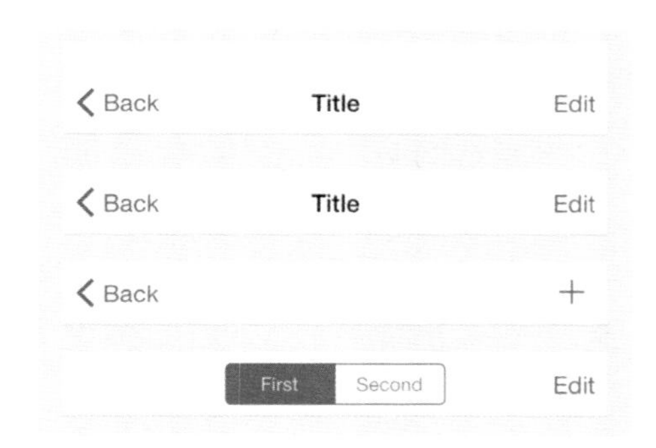

图 22-3 默认 iOS UI 设计中的导航栏

设计实例以微博手机客户端中的三个界面中的三种导航栏为目标进行讲解。导航栏设计小技巧，使用 Sketch 提供的默认模板，加以调整之后就可以使用了。

关于使用模板，需要注意的一点是对符号（Symbol）的使用。当设计单一页面的时候，符号的使用频率不高，但当设计多个页面的时候，符号的使用频率会增加。不过，新建符号的时候，一定要注意对公共部分的选择，大多数公共部分主要为状态栏以及导航栏的部分（除导航栏的标题以及操作按钮）。

微博客户端主要界面为：首页界面、消息界面和发现界面，如图 22-4，图 22-5 和图 22-6 所示。

图 22-4 首页界面

图 22-5 消息界面

图 22-6 发现界面

分析这三个界面，找出共同部分以及不同部分。

共同部分——状态栏。

不同部分——好友界面、消息界面、发现界面。

好友界面：标题，添加好友，扫码。

消息界面：发起聊天。

发现界面：搜索，包括搜索框、搜索图标，以及默认搜索。

具体设计步骤：

1. 设计共同部分，状态栏和导航栏共有部分。

新建 Sketch 文档，从 iOS UI 设计中找到黑色状态栏，复制、粘贴到 Sketch 文档中，调整位置，如图 22-7 所示。

●●●○○ Sketch 9:41 AM 100%

图 22-7 添加 Sketch iOS UI 设计状态栏

从 iOS UI 设计中找到有标题、无状态栏的导航栏，复制、粘贴到文档。删除“返回”图标、文字，以及编辑按钮，调整背景色为 #F2F2F2，效果如图 22-8 所示。

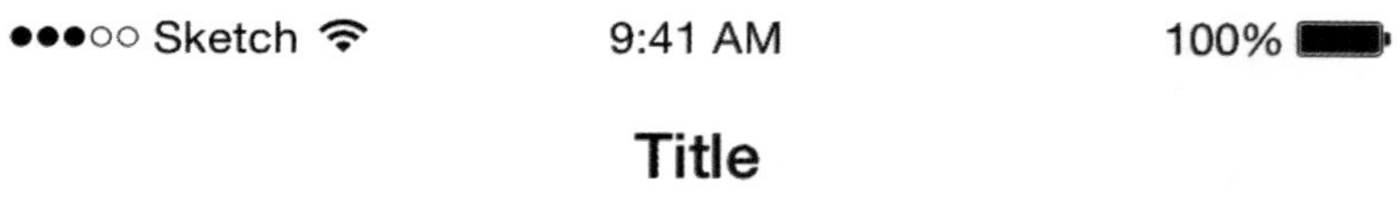

●●●○○ Sketch 9:41 AM 100%

Title

图 22-8 调整导航栏后的效果

将粘贴过来的导航栏取消符号，这样在后面重复使用时就不会受到干扰了，如图 22-9 所示。

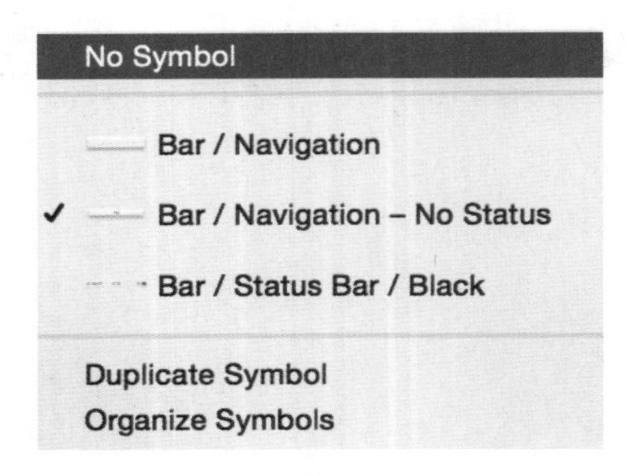

图 22-9 将导航栏调整为无符号状态

2. 复制两次状态栏和导航栏（如图 22-10 所示），并将其编组后重命名为好友圈、消息、发现（如图 22-11 所示）。

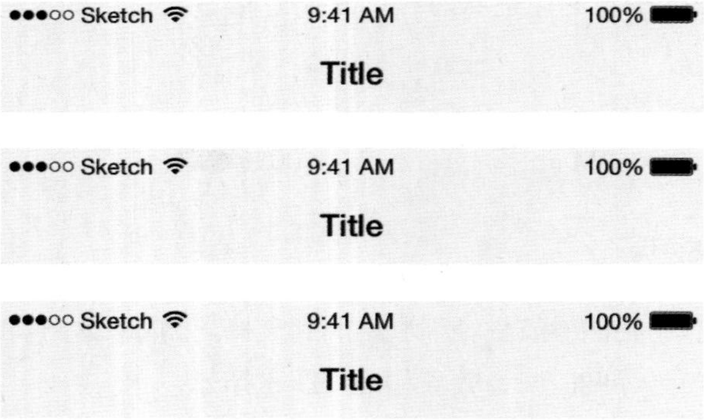

图 22-10 复制两次状态栏和导航栏

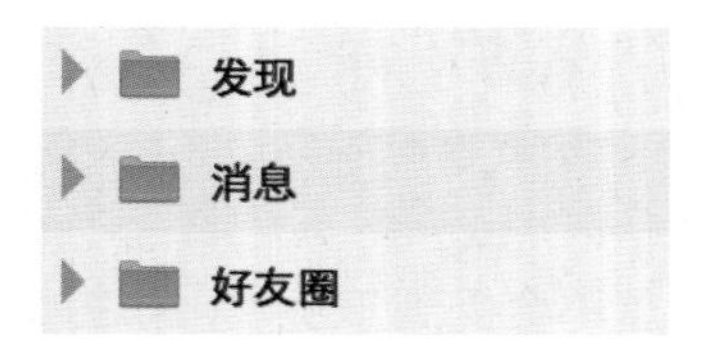

图 22-11 将状态栏编组并重命名

3. 针对每一个界面的导航栏进行设计。

好友圈界面主要有添加好友图标、标题，以及扫码图标。

消息界面主要有标题和发起聊天。

发现界面主要有搜索栏。

4．好友圈界面主要有添加好友图标、标题和扫码图标。

好友图标设计，主要方法是对圆形、节点，以及曲线的运用。绘制圆形（快捷键 O），边框宽度设为 2，颜色设为 #444444。然后双击变为节点模式，添加 4 个节点，如图 22-12 所示。

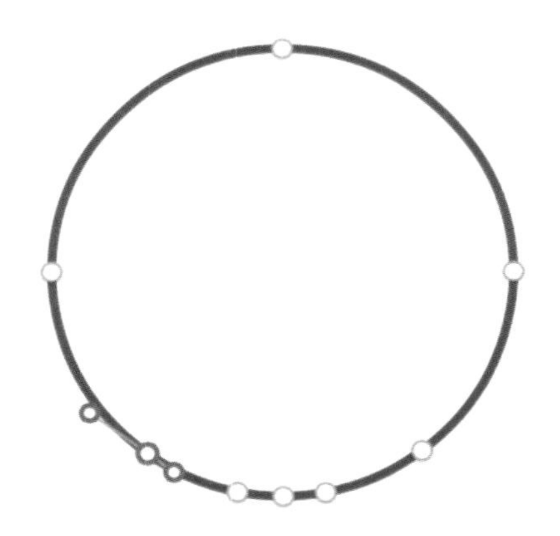

图 22-12 绘制圆形后进入点模式，增加节点

拖动其中的节点，如图 22-13 所示。

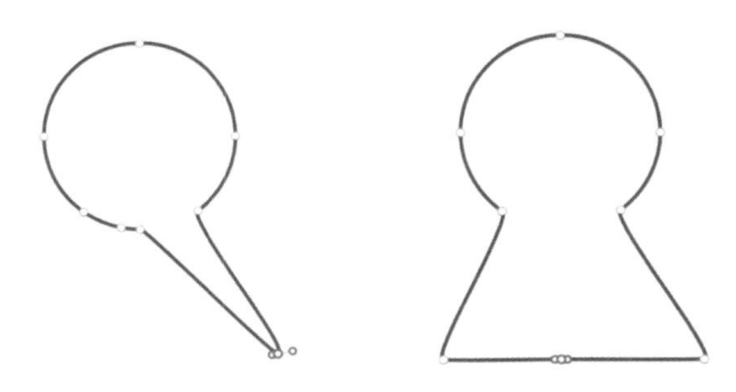

图 22-13 拖动其他节点后的效果

在侧面增加新的节点，通过曲线调整弧度，如图 22-14 所示。

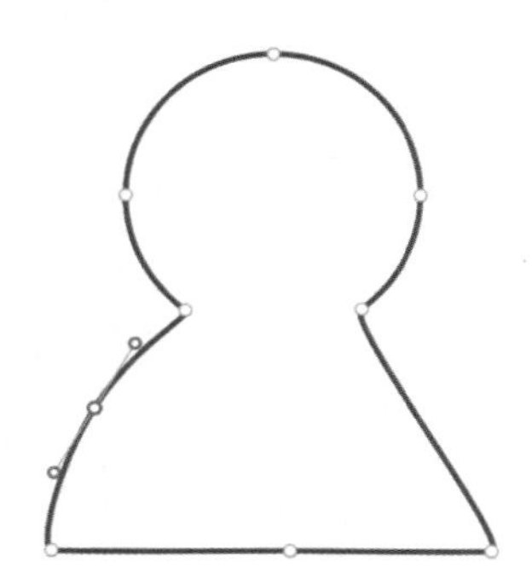
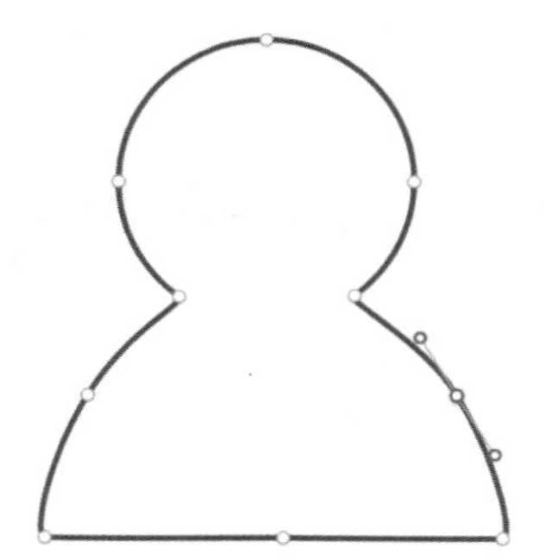

图 22-14 调整侧面节点后效果

然后在图标的右下角增加 + 号及其背景，好友圈添加好友图标最终效果如图 22-15 所示。

图 22-15 好友圈添加好友图标最终效果

好友圈导航右侧扫码图标主要由钢笔工具和直线工具来完成，钢笔工具设计好一个直角后，复制出其他三个，之后按住 Command 和鼠标进行宣传即可。右下角的三角，通过钢笔工具绘制，填充颜色，设置边框颜色即可。扫码图标最终效果如图 22-16 所示。

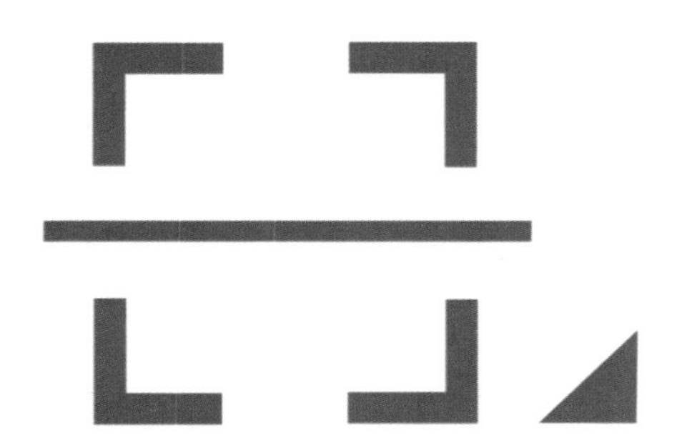

图 22-16 好友圈扫码图标最终效果

5．发现界面的设计主要是对圆角矩形、圆形、直线的运用。在这里，不做过多讲解了。

6．消息界面就更加简单了，主要是对文字的运用以及设置。

7．三个界面导航栏设计的最终效果如图 22-17 所示。

●●●○○ Sketch 9:41 AM 100%
好友圈

●●●○○ Sketch 9:41 AM 100%
消息 发起聊天

●●●○○ Sketch 9:41 AM 100%
大家都在搜：导航栏

图 22-17 微博首页界面、消息界面、发现界面导航栏设计最终效果

第23章 工具栏（Tool Bar）

23.1 工具栏介绍

工具栏（Toolbar）通常显示在屏幕的底部，会有一个或者几个按钮项目。一般情况下，这些按钮与控制当前视图的内容相关。目前很多应用都采取了工具栏和导航栏相结合的方式，在应用上方显示。

尽管工具栏看起来和导航栏或选项卡相似，但是工具栏不具备导航作用。相反，工具栏为用户提供了可以控制当前屏幕内容的控件，比如扫码、添加好友、添加内搜索，等等。在导航栏章节中，我们有结合导航栏，设计一些工具栏控件，不知道大家还有没有印象?

下面是 iOS 工具栏图标举例，如图 23-1 所示。

Icon	Name	Meaning
	Bookmarks	Show app-specific bookmarks.
	Contacts	Show contacts.
	Downloads	Show downloads.
	Favorites	Show user-determined favorites.
	Featured	Show content featured by the app.
	History	Show history of user actions.
	More	Show additional tab bar items.
	Most Recent	Show the most recent item.
	Most Viewed	Show items most popular with all users.
	Recents	Show the items accessed by the user within an app-defined period.
	Search	Enter a search mode.
	Top Rated	Show the highest-rated items, as determined by the user.

图 23-1 iOS 工具栏图标举例（例图来源：Apple 网站）

23.2 Sketch 设计

这一章节，我们不做主要的实例训练。不过会为大家准备一些 Sketch 工具栏实例下载，一方面大家可以模仿设计，另一方面能够提供大家一些素材，方便设计使用。

资源下载：http://pan.baidu.com/s/1dD7zDwl

23.3 小常识

在 iOS 设备以及 Android 设备下，都提供了一系列的小图标，用以代表各种常见任务与操作，它们常用在标签栏（Tab Bar）、工具栏（Tool Bar）与导航栏（Navigation Bar）中。用户通常已经了解了这些内置图标的含义，因此可以尽可能多地使用它们。而且在具体产品设计中，几种栏（Bar）——状态栏（Status Bar）、导航栏（Navigation Bar）、标签栏（Tab Bar）、工具栏（Tool Bar）、搜索栏（Search Bar）等，都会有不同程度的结合，它们不是孤立存在的。

第 24 章 文字标签（UILabel）

24.1 文字标签介绍

文字标签展示静态文本，就像下面的展示一样，如图 24-1 所示。

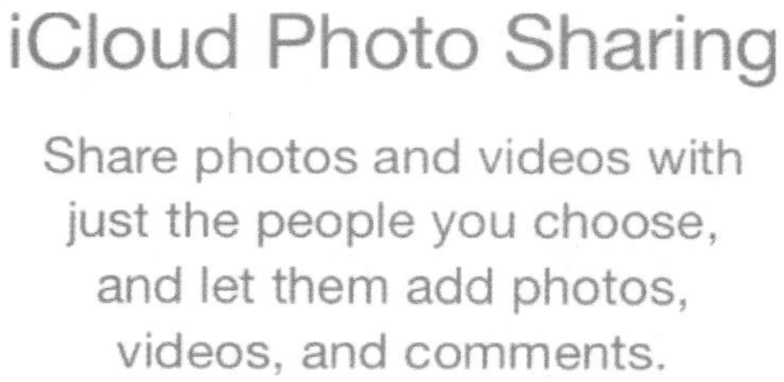

iCloud Photo Sharing

Share photos and videos with
just the people you choose,
and let them add photos,
videos, and comments.

图 24-1 文字标签展示静态文本

文字标签展示任意静态文本，并且不允许用户与界面产生交互行为，除了复制文本。使用文字标签命名或者描述 UI 的部分，向用户提示短小的信息。文字标签特别适合去展示文字量相对较小的文本。

24.2 Sketch 设计

大多数应用会遵循 iOS 以及 Android 用户界面设计指南，设计文字标签。但也有一些应用会在标准之外进行调整，比如文字标签的背景设计创新，如图 24-2 所示。

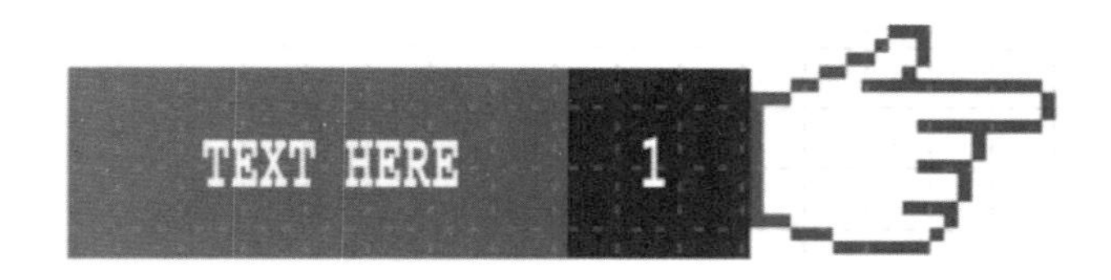

图 24-2 文字标签背景设计

或者和微信中大部分的 Html5 界面的分享指示类似。大多数这样的设计，是在文字的基础上，通过 UI 设计来引导用户。有一些设计会加上其他图标，比如时间图标、位置图标、距离图标，等等。

本章节的设计是以移动应用 Peak 为参考，实现的目标效果如图 24-3 所示。

图 24-3 文字标签设计目标效果

首先分析一下 Peak 的界面，包括以下几项。

状态栏（Status Bar）

导航栏（Navigation Bar）

工具栏（Tool Bar），兼具选项卡（Tab Bar）功能

标签栏（UI Label），提示作用

按钮（Button），查看其他功能

界面中主要的空间部分并不是很难，比较难的是标签栏（UI Label）的修饰成分，比如背景以及底部修饰。

简单分析之后，可以开始设计了。

1．新建 Sketch 文件（快捷键 A）。

2．新建矩形（快捷键 R），填充渐变蓝色，上面的颜色代码为 #00B8FC，下面的颜色代码为 #00C9FE，无边框。

3．设计状态栏。可以直接使用之前我们设计的状态栏，或者使用默认模板中的状态栏。

4．设计导航栏。从模板中选取导航栏，去掉导航栏中的返回和编辑按钮，按钮然后调整标题内容、文字大小和字体。效果如图 24-4 所示。

图 24-4 状态栏以及无工具栏的状态栏

5．在导航栏中添加工具栏，其中左面的工具栏具有 Tab Bar 的作用，展开的时候是左侧边展开的选项卡。

这里比较难的是右边的不规则形状，用钢笔工具和曲线来调整，或者创建矩形后调整点模式。这里，我们选择第二种方式，即矩形和点模式结合，设计效果如图 24-5 所示。

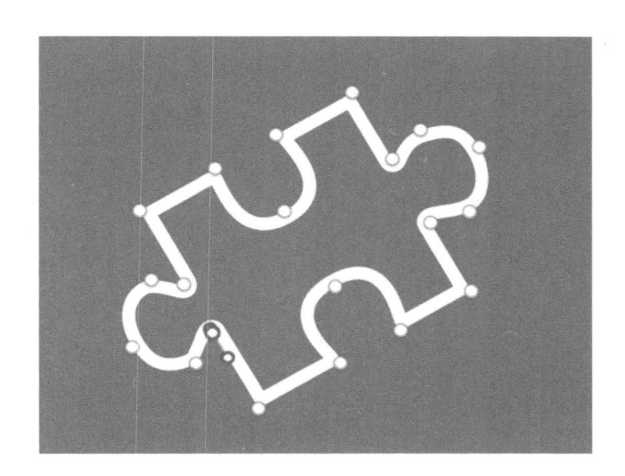

图 24-5 右侧工具栏设计

在设计过程中，重要的是节点的添加和曲率的调整。

调整好导航栏中左侧和右侧的工具栏位置之后，设计的效果如图 24-6 所示。

图 24-6 状态栏和有工具栏的导航栏

6．设计文字标签，主要集中于文字标签修饰成分的设计，文字标签设计更多的是字体、字号和位置的调整。

中间的文字标签修饰为圆形，先设计两个对称矩形，之后将其组合，然后复制调整角度。还记得调整角度的方式吗？使用 command ＋ 鼠标旋转就可以了。用这种方式来设计上方文字标签的修饰成分，设计效果如图 24-7 所示。

图 24-7 文字标签修饰圆形

然后我们添加文字标签，效果如图 24-8 所示。

图 24-8 添加文字标签后的效果

7．设计翻页标志。主要是对圆形的应用，设计出来后，调整大小，填充颜色即可。要注意的是，当前页面标志显示为白色，非当前页面标志显示颜色会较浅。透明度分别为 100% 和 50% 就可以了。

8．设计底部的按钮。按钮主要是对矩形和文本工具的运用，设计效果如图 24-9 所示。

VIEW WORKOUT

图 24-9 按钮设计效果

9．最后，设计时间——星期，主要是对文本与横线工具的运用。

10．最终的设计效果如图 24-10 所示。

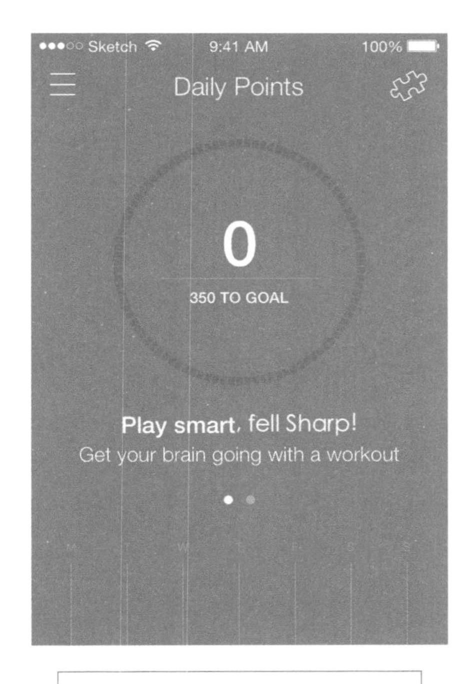

图 24-10 文字标签整体设计效果

第 25 章 列表（Table）

25.1 列表介绍

列表视图在一个单列多行的可滚动的视图中呈现数据信息。当然，有些列表是滚动的——就像 iPhone 中的电话本那样，如图 25-1 所示。

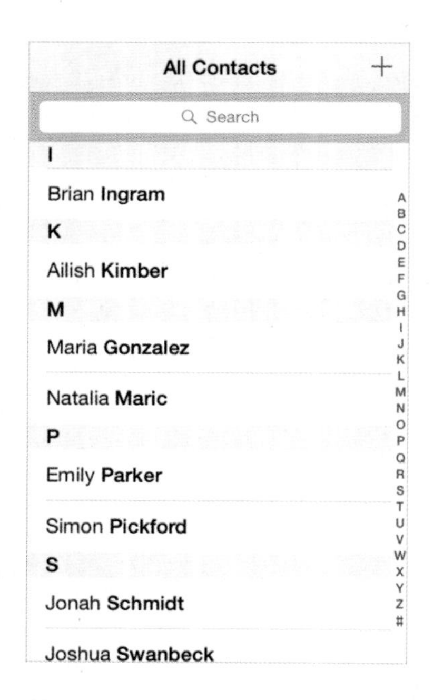

图 25-1 iPhone 电话本

列表视图用来展示分段或者分组的数据行。用户轻弹或者拖放来滚动表行或者组行。

用户可以点击表格行选中该行，并使用表格视图控件添加或者移除表行、选中多行，查看行项目的更多信息，或者显示另一个表格视图。当用户点击选中的项目时，表格行会短暂地高亮。

如果选中一行导航到新页面，那么被选中的表行会短暂地高亮，同时新屏幕滑动到位。当用户返回到先前的屏幕，原先被选中的表行会再次短暂高亮，以提醒用户他们此前的选择。

iOS 中定义了两种视图风格：普通列表视图和分组列表视图。

普通列表视图（如图 25-2 所示）展示的表格行可以被分成若干带标签的节段。一个可选的索引，垂直地出现在视图的右侧。页眉出现在分段表行中第一个项目的前边，页脚出现在最后一个项目的下边。

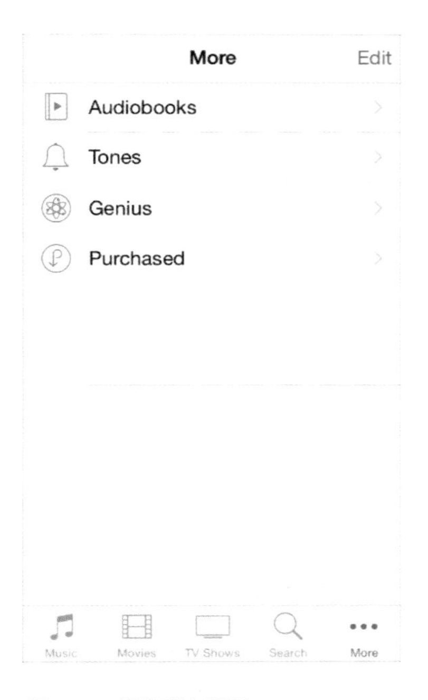

图 25-2 普通列表视图

分组列表视图（如图 25-3 所示），在分组列表视图中，每行以分组形式展现。每一个分组列表总会包含至少一组列表项——每行一个列表项，分为页眉和页脚。分组列表中，不会包含索引。

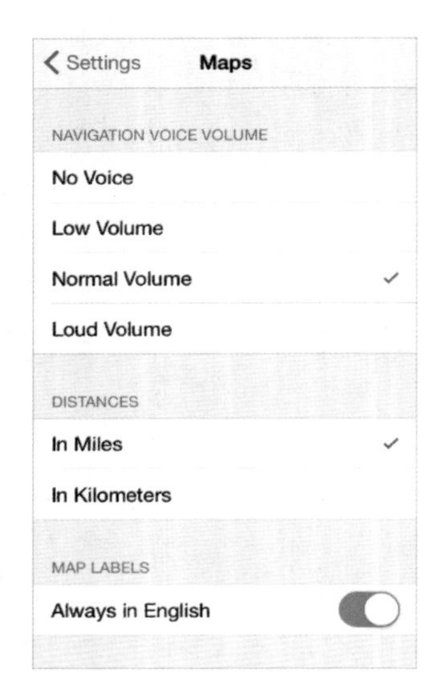

图 25-3 分组列表视图

iOS 设备下包括一些可以扩展列表视图功能的列表视图元素，如图 25-4 所示。除非特别指出，否则这些元素只适用于列表视图。除了特有元素以外，iOS 设备还有默认能让用户刷新列表内容的刷新控件。

Table view element	Name	Meaning
✓	Checkmark	Indicates that the row is selected.
>	Disclosure indicator	Displays another table associated with the row.
ⓘ	Detail Disclosure button	Displays additional details about the row in a new view (for information on how to use this element outside of a table, see Popover).
≡	Row reorder	Indicates that the row can be dragged to another location in the table.
⊕	Row insert	Adds a new row to the table.
⊖	Delete button control	In an editing context, reveals and hides the Delete button for a row.
Delete	Delete button	Deletes the row.

图 25-4 iOS 列表视图元素

25.2 Sketch 设计

在列表视图设计中，较多的是考虑与行相关的设计，主要有行高、行背景色、行行为、行交互操作，以及行中的元素——包括文字、图片、图标、链接等信息的布局、样式、交互等行为。

我们以微博客户端的消息界面的列表视图为例（如图 25-5 所示），并设计出行行为（向左划动行出现删除）。

图 25-5 微博客户端的消息界面的列表视图

此次实例，我们主要设计列表视图，不设计状态栏、导航栏，以及标签栏。

微博消息列表主要是图片视图和文字标签的运用，设计图片大小、文字大小、颜色等。

另外，还有系统消息中 @ 我的（Mentions）、评论（Comment），以及点赞（Like）的图标设计。那么，我们这就开始制作吧！

1．新建 Sketch 文档（快捷键 A）。

2．设计消息列表视图中的图标和用户头像，绘制圆角矩形（快捷键 U），调整大小为 56 x 56px，无边框，圆角 4。之后再复制出 7 个圆角矩形作为图形列表，排列如图 25-6 所示。

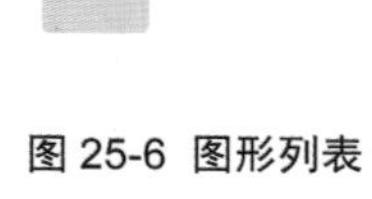

图 25-6 图形列表

3．设计默认消息图标，@ 我的（Mentions）、评论（Comment），以及点赞（Like）的图标主要是对钢笔工具、曲线、矩形、圆形和线段的运用。这里，我们以评论图标设计为例进行分析讲解。

4．选择一个圆角矩形，作为评论图标的背景矩形，填充颜色（颜色代码为：# 35B87F）。

5．设计评论图标中的图形。先绘制一个矩形，之后双击矩形，进入点模式编辑状态。

新增节点并调整节点模式，拖动节点得到图 25-7 所示结果。

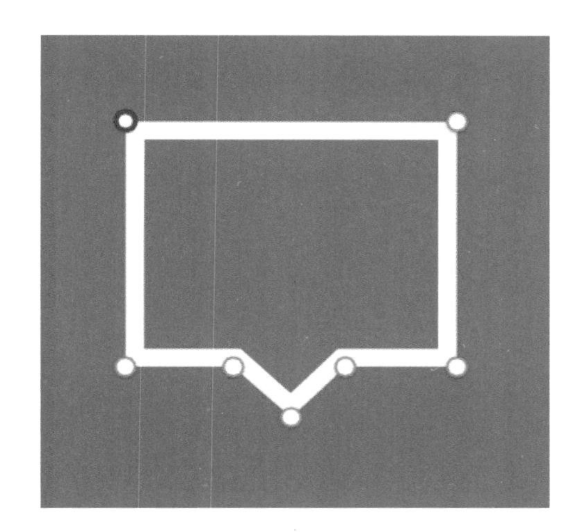

图 25-7 调整评论图标中的矩形点模式

6. 添加评论图标中的三个圆点。通过对圆形的运用得到。最终评论图标的设计效果如图 25-8 所示。

图 25-8 添加评论图标中的三个圆点

7. 添加评论文字标签以及更多指示器（Disclosure Indicator），效果如图 25-9 所示。

图 25-9 列表视图中评论列表设计效果

8. 其他图标以及列表的设计方式与评论列表类似，最终效果如图 25-10 所示。

图 25-10 默认消息图标设计效果

9. 设计好友信息部分，添加文字标签和头像。文字标签主要有昵称、时间和消息摘要。这里使用 Sketch 内容生成插件添加头像、昵称、时间，以及摘要信息。Sketch 内容生成插件打开方式：插件 > Sketch 内容生成插件（Plugins > Content Generator Sketch Plugin）。添加完成后的效果如图 25-11 所示。

吴小猫 15:55
不客气的

维维安 13:55
不客气的

笑醉酒中仙 11:55
不客气的

吴小猫 10:55
不客气的

图 25-11 列表视图中好友信息

10．添加列表视图中的横线。主要是对线段（快捷键 L）的运用，拖出来之后，设置粗细和颜色就可以了。

11．设计行行为——向左划动删除，主要是对矩形的运用。选择其中一行，向左移动一定距离，添加矩形并设置颜色边框，最后增加文字标签就可以了。

12．列表视图设计的最终效果如图 25-12 所示。

图 25-12 列表视图设计最终效果

25.3 小常识

1．设计列表视图的时候，需要仔细考虑列表中的行是不是需要增加用户行为，比如：划动出现删除或者关注等操作。一定要考虑产品自身，是不是真的需要这样的设计。

目前，大多数好友列表，信息列表都选择简单模式，而设置界面会选择分组模式。大家也可以参考其他列表设计。总之，能够适合自己产品的才好。

2．在设计列表中批量修改信息（头像、昵称、邮箱等）的时候，可以使用 Sketch 工具箱（Sketch Tool Box）提供的插件来完成，主要是对 Sketch 自动生成（Content Generator Sketch Plugin）插件的运用。这一部分之前在 Sketch 工具箱章节中讲解过，如果大家忘记或者对其印象不深了，可以翻看一下。

3．列表推荐。列表在移动应用中有着非常广泛的应用，它非常适合对移动应用信息的展示。微博、Twitter、微信、WhatApp、Facebook 等产品都会有列表存在，只是细节的形式不同。

第 26 章 滚动视图（ScrollView）

26.1 滚动视图介绍

滚动视图可以帮助用户查看超出滚动视图边界的内容（文字或者图片）。图 26-1 展示的图片要比屏幕区域的宽高大很多。在应用开机时，应用的介绍引导界面或者部分广告（国内应用较多）使用。应用内滚动视图大多出现在列表中，帮助用户查看超出视觉范围的内容。游戏中，也常会使用滚动视图，用来介绍游戏或者玩法。

图 26-1 滚动视图（例图来源：Apple 网站）

当滚动视图首次出现，或者用户与之进行交互，横向或纵向的滚动指示器会短暂地闪亮，从而告诉用户它们可以展示更多内容。滚动视图没有任何预定义的外观。

滚动视图对用户操作手势的速度和方向进行反馈，以某个用户感觉自然的方式展示内容。当用户在滚动视图中拖动内容时，内容跟随用户的触摸（范围）进行显示；当用户轻扫内容时，滚动视图会快速显示内容，当用户再次触摸屏幕或内容结束时，滚动视图则停止滚动。滚动视图也可以在分页模式中进行操作，每个拖动或轻扫手势可以展示 App 指定的页面内容。

26.2 小常识

滚动视图允许用户在有限的空间内访问查看尺寸比较大的视图，或者数量多的视图。由于用户习惯了在 App 中使用滚动视图，所以要确保 App 中的滚动视图能像用户期待中的那样运行。

支持适当的缩放行为。如果行得通，可以让用户通过捏合或者双击来放大或者缩小滚动视图，如微博客户端中的图片视图。当提供缩放功能时，应该设置适合的最大和最小缩放值。比如，你让用户放大文本直至字符填满整个屏幕，但这未必方便用户阅读内容。

考虑组合使用页面控制器和翻页模式的滚动视图。当你想展示被分为若干页、若干屏或者若干块的内容时，告诉用户可用内容有多少块儿，以及他们正在查看的是哪一个，这一方式是个不错的选择。页面控制器展示的“点”会为用户提供这样的信息。并且由于页面控制器被用在 Safari、Stocks、Weather，以及其他内置 App 中，用户已经理解如何去使用他们。

当你组合使用页面控制器和翻页模式的滚动视图时，禁用 Scroll Indicator（和页面指示器在同一轴面上）是个好主意。然后用户有一个明确的方式来翻看内容。

通常，一次只展示一个滚动视图。当用户滚动内容时，常常会执行幅度比较大的滑动手势，所以他们不可避免地会与屏幕上临近的滚动视图进行交互。如果你决定在一屏上放置两个滚动地图，那么需要考虑允许他们在不同的方向上滚动。比如，iPhone 竖屏方向上，股票应用在纵向滚动视图中展示股票报价，下方则是以横屏滚动模式展示的公司特定的信息。

第 27 章 选择器（Picker）

27.1 选择器介绍

选择器可显示用户选择的任意数据集合。主要有地区、时间、语言、性别等。有些不适合使用选择器来设置，比如职业（多采用列表视图分类选择）、公司（手动填写）、学校（手动填写）等。

选择器是日期时间选择器的通用模式。跟日期时间选择器一样，用户可旋转选择器的滑轮直到出现他们想要的值。包括背景在内，选择器的总体大小跟 iPhone 上的键盘一般大，如图 27-1 所示。

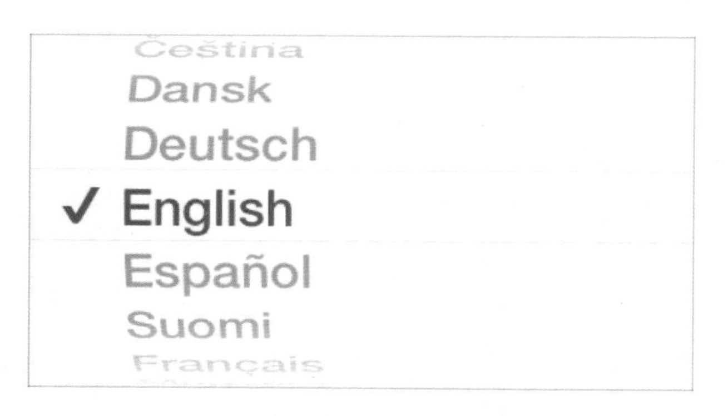

图 27-1 语言选择器

选择器方便用户从一组数据中进行选择。当用户熟悉所有选项值时，通常最好使用选择器。因为当滑轮静止时，大部分数值选项是隐藏或者半透明的。如果需要提供大量且不被用户熟悉的数值选项集，那么选择器可能不是一个很适合的控件。特别当用户熟悉所有选项时，选择器是最佳选择。因为选择器静止不动时，其大部分的选项都是不可见的。

1. 尽可能地展示一个内联内容的选择器，避免用户进入其他不同视图使用选择器。

2. 如果需要展示大量的选项值，考虑使用列表视图（Table），而不是选择器。因为列表视图（Table）的最大高度可以快速滚动数据。

日期时间选择器（Date Picker）

日期时间选择器用以展示组件的日期和时间，比如小时、分钟、日、年，如图 27-2 所示。

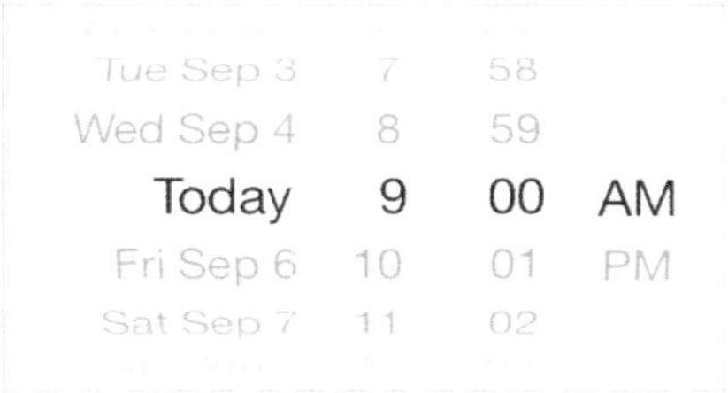

图 27-2 日期时间选择器

日期时间选择器最多可有 4 个独立的滑轮，每个滑轮都会显示不同类别的值，例如月份或小时。用户轻弹或拖动滑轮，直到在选择器正中间水平展示了他们想要的数值。最后，各滑轮选中的值组成了最终的值。

日期时间选择器有四种模式，每种模式展示了不同数目的滑轮，每一种包含了一组不同的时间值。

1. 日期和时间。日期和时间模式是默认的模式，用滑轮展示了日历日期、时间，以及分钟值，外加一个可选的滑轮用于设定 AM/PM。

2. 时间。时间模式展示了小时和分钟值，外加一个可选的滑轮用于设定 AM/PM。

3. 日期。滑轮的日期模式展示日、月、年。

4. 倒计时计时器。滑轮的计时器模式展示了小时和分钟。你可以指定总持续时间，最长为 23 小时 59 分钟。

使用日期时间选择器可以让用户选择日期和时间，而不是输入由多个部分组成的时间或者日期值。比如一个日、月、年的日期模式。日期时间选择器简单易用，因为各个部分的值都有一个相当小的选择范围，用户熟知这些值的含义。

1. 尽可能地展示内联内容的日期时间选择器。最好避免用户进入不同的视图去使用日期时间选择器。

2. 如果有必要，就改变分钟滑轮的间隔。默认情况下，一个分钟滑轮展示 60 个刻度值（0–59）。如果你需要展示精度而不是很高的时间间隔，你可以对分钟滑轮进行设置，从而展示更大的时间间隔，只要这个间隔能除尽 60 。比如你可能希望按时刻（quarter–hour）展示时间间隔，0、15、30、45。

27.2 Sketch 设计

目前，大多数应用的选择器都会设计成扁平的形式。iOS 平台中，已经减少了阴影，变得更加精简和清爽。Android 平台甚至直接做成了列表式的选择器。

Sketch 中带有 iOS 的默认选择器，其他的如年龄、性别等，只是选择器的内容不同罢了。默认选择器如图 27–3 所示。

图 27-3 iOS 设备下日期选择器

iOS 平台上，选择器大多以《iOS 用户界面指南》为准。Android 平台上的形式也偏向扁平化，我们以 Android 平台上的一款选择器为实例进行讲解，目标效果如图 27-4 所示。在实际应用中，希望大家能够将常用的选择器设计成模板保存，方便重复利用。

图 27-4 手机 QQ 日期选择器（Android 版）

分析界面和选择器：选择器主要由选择器描述（Description）和选择器主体（Picker）两部分组成。主体由当前选择项以及待选项组成，包括年份、月份和日期。

注意：这里纯粹为了讲解而讲解，希望大家能够了解并掌握 Sketch。在具体工作中，请不要使用大量的时间设计选择器，除非应用中需要特殊的选择器。

那么，我们就开始设计吧。

1. 新建 Sketch 文档（快捷键 A）。

2. 绘制矩形作为选择器的背景（快捷键 R），大小为 375 x 275 px，无边框，填充颜色为 #FAFAFA。

3．设计选择器的主体，先设计当前选项，主要是文字标签的应用，效果如图 27-5 所示。

2012 年 12 月 28日
2013 年 1 月 29日
2014 年 2 月 30日
2015 年 3 月 31日
4 月 1日

图 27-5 日期选择器基本设计

在这一步完成后，选择器就基本完成了。有些情况下，这样的选择器是可以直接应用到产品中的。

4．细节调整。调整距离以及文字的字号和颜色。一个小技巧是，左边的年份靠右对齐，右边的日期靠左对齐，中间的月份居中对齐，字号以 2 递减，效果如图 27-6 所示。

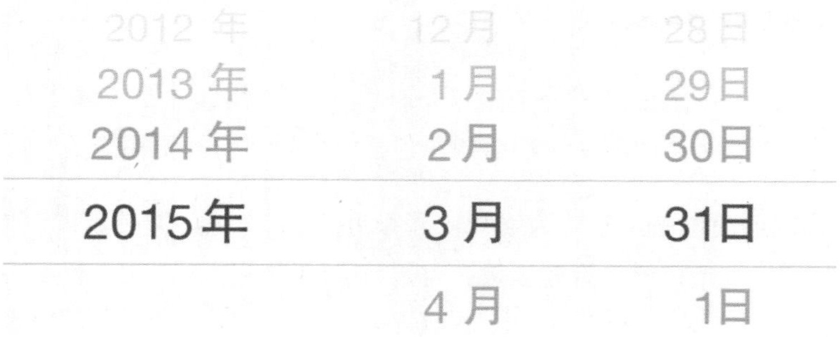

2012 年 12 月 28 日
2013 年 1 月 29 日
2014 年 2 月 30 日
2015 年 3 月 31 日
4 月 1 日

图 27-6 调整距离以及文字的字号和颜色后的效果

5．为了营造滚轴的效果，左右的年份和日期还需要向中间靠拢，选择器的设计最终效果如图 27-7 所示。

2013 年	1 月	29 日
2014 年	2 月	30 日
2015 年	**3 月**	**31 日**
	4 月	1 日

图 27-7 选择器设计最终效果

6. 如果想把文字标签设计成扁平的样子，需要用钢笔工具和曲线来设计，具体可以参考 iOS 提供的默认选择器。

27.3 小常识

选择器现在基本上都会采用 iOS 或者 Android UI 设计指南相关的细节和规则，两个平台的用户界面指南都做了详细的规定，希望大家有时间看看。

游戏中的选择器会是另外的样子，选择器的背景、选项等都与游戏适应。不过游戏中很少会用到选择器，早年看到过一些，最近整理过程中却一个都没发现。

第 28 章 搜索栏（Search Bar）

28.1 搜索栏介绍

搜索栏接受用户输入的文本（可用已搜索的文本输入），如图 28-1 所示。

图 28-1 搜索栏

搜索栏看起来类似文本框。默认情况下，搜索栏在左边展示搜索图标。当用户点击搜索栏时会出现键盘。当用户完成检索项目输入，系统将会以 App 特有的方式处理输入。

此外，搜索栏还能显示一些可选元素，比如：占位符文本（Placeholder Text）。可用于描述控件的功能。比如搜索，或者提醒用户所处的搜索环境（比如“Google”）。

书签按钮。书签按钮可以提供信息的短链接，方便用户下次轻松找到他们想要的信息。比如地图搜索模式下的书签按钮，可以让用户访问书签地址、最近搜索记录，以及联系人，如图 28-2 所示。

图 28-2 带书签按钮的搜索栏

只有在搜索栏中没有用户提供的文本或者占位符文本时，书签按钮出现。当搜索栏中包含这些文本时，清除按钮就会出现。

清除按钮。大部分搜索栏包含可以让用户一键清除搜索栏中文本的清除按钮。当搜索栏中包含任何占位符文本，清除按钮出现。当搜索栏中没有用户提供的文本或者占位符文本时，清除按钮则不可见，如图 28-3 所示。

图 28-3 带清除按钮的搜索栏

搜索结果列表图标。该图标用于指示展现搜索结果。当用户点击结果列表图标，App 就会展示他们最近的搜索结果，如图 28-4 所示。

图 28-4 带搜索结果列表图标的搜索栏

描述性标题，也叫提示，出现在搜索栏的上方。例如，提示可以是一个短语，用于提供搜索栏的介绍或者 App 特定的内容，如图 28-5 所示。

图 28-5 带描述性标题的搜索栏

在 App 中使用搜索栏来提供搜索。不要使用文本框提供搜索，因为文本框没有用户期待的标准搜索栏的外观。

你可以通过使用不同颜色，自定义背景外观，以及提供自定义附属图片来定制搜索栏。

在 iOS 7 以及以后版本中，可以在导航栏中放置搜索条。

突显的搜索栏风格，如图 28-6 所示。

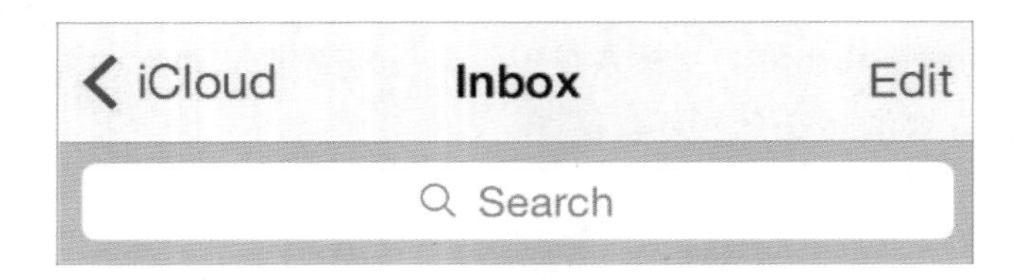

图 28-6 iPhone 邮箱应用中的搜索栏

变小的搜索栏风格，如图 28-7 所示。

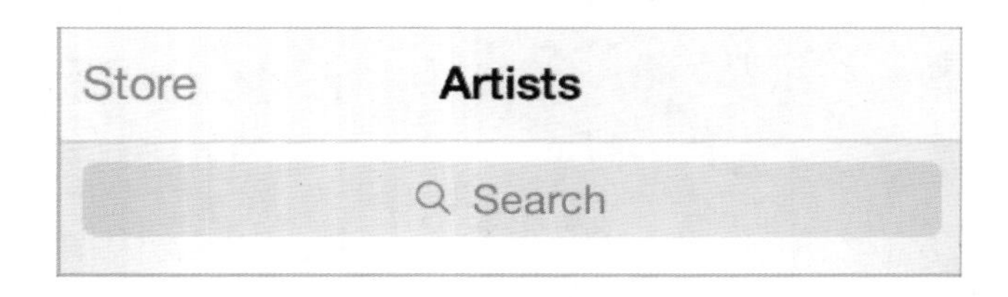

图 28-7 iPhone 音乐应用中的搜索栏

Android 平台的搜索栏，大多有模仿 iOS 应用的趋势。但也有一些应用沿用 Android 原生搜索栏，如图 28-8 所示。

图 28-8 Android 平台原生搜索栏

Google“亲儿子”LG Nexus 的默认搜索栏，如图 28-9 所示。

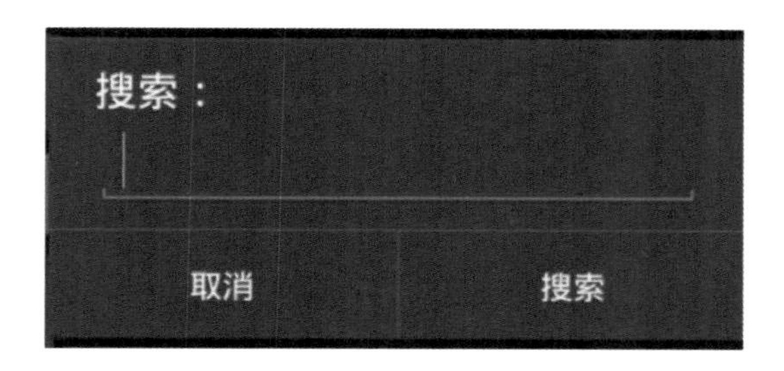

图 28-9 LG Nexus 搜索栏

Android 用户界面交互指南提供的搜索栏示例，如图 28-10 所示。

图 28-10 Android 用户界面交互指南搜索栏

28.2 小常识

在实际的设计中，搜索栏并不总是单独出现的，而是出现在一个搜索界面中。例如微博客户端中的搜索栏，搜索界面包含推荐搜索内容、用户最近搜索内容，以及搜索类别选项。

有些情况下，搜索框会设置在列表视图中，以方便寻找消息或者好友。比如：Path、微信和手机 QQ。

有些应用在搜索栏中，会提醒用户搜索的内容，比如：Path 在 Timeline 中的搜索框提示内容为“Search Timeline”。

针对 Android 平台的搜索栏，需要注意一下。因为应用可以自定义，改变应用搜索栏的样式，在选择自定义以及使用通用标准的时候，需要做出取舍。

第 29 章 进度条视图（Progress）

29.1 进度条视图介绍

进度条视图（Progress View）可以显示进程或任务可预知的进度，如图 29-1 所示。

图 29-1 进度条视图

iOS 提供了两种类型的进度条视图，并且外观上非常相似，仅在高度上有所区别。

另外，iOS 加载的进度条视图，形如花朵图案，如图 29-2 所示。

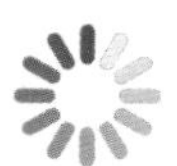

图 29-2 iOS 设备下加载进度条

1. 默认风格适合用在 App 的主要内容区。

2. 条状进度条（Bar Style）比默认进度条样式细瘦一些，适合在工具栏（Tool Bar）中使用。

伴随任务或进程处理，进度条由左向右填充。任何时候，进度条上已填充和未填充的进程比例都能提示用户任务或进程未来多长时间可以完成。另外，用户无须与进度条视图进行交互。

Android 5.0 同样提供了两种进度条视图，一种是深色背景，另一种是透明背景，进度条显示部分为蓝色和灰色，如图 29-3 所示。

图 29-3 Android 5.0 两种状态进度条视图

Android 平台中也有圆形进度条视图，如图 29-4 所示。

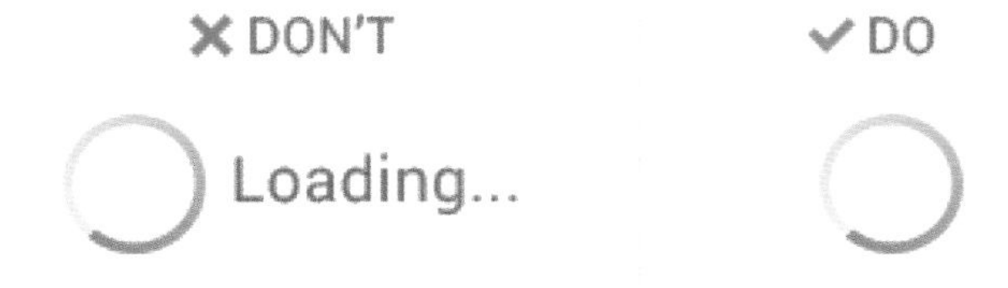

图 29-4 Android 5.0 圆形进度条视图

使用进度条来反馈定义明确的持续性任务，特别是在需要告诉用户任务大约需要多长时间的时候，进度条就显得尤为重要。当你展示进度条时，就是在告诉用户他们的任务正在处理中，给了用户足够的信息来决定他们是否想要等待任务完成或者取消它。

自定义进度条的外观，要与 App 的风格相协调。你可以为进度轨道和进度条填充部分指定一个自定义颜色或者图片。

29.2 Sketch 设计

在设计实例部分，我们来设计一款应用（AT）的进度条，笔者很喜欢这种设计风格。设计目标效果，如图 29-5 所示。

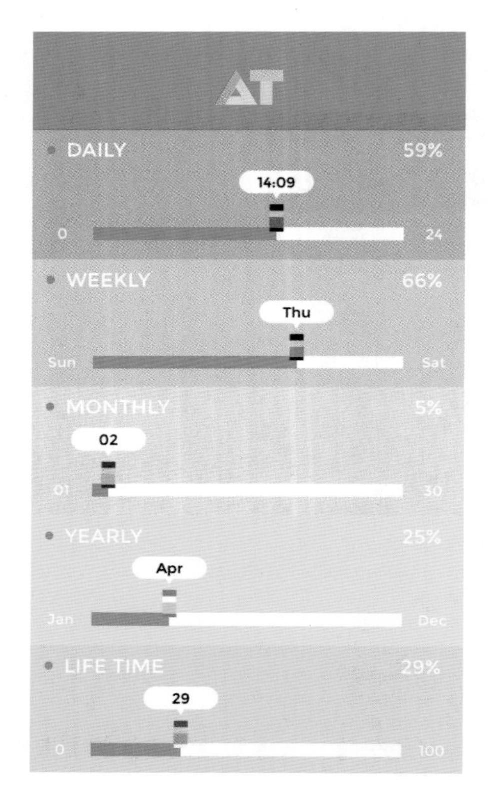

图 29-5 应用 AT 进度条视图

应用中的进度条视图主要是对矩形、圆形、圆角矩形、文字标签的运用。其实，整个界面也可以看作是一个大的列表视图（Table）。具体的设计过程，就不再过多讲解了，因为基于 Sketch 的基础运用，前面的章节都涉及了。在设计过程中，需要我们耐心地设置图形大小、颜色，文字颜色、字号、字体等相关属性。

29.3 小常识

进度条除了 iOS 和 Android 提供的视图形式外，大多数进度条会有演变，成为圆形、柱状、带有数字提示，并且在 UI 设计上也会有较大的调整。

第 30 章
滑杆（Slider）

30.1 滑杆介绍

滑杆（Slider）允许用户在限定的范围内，通过手势调整某个值或者进程。iOS 设备下的滑杆示例，如图 30-1 所示。

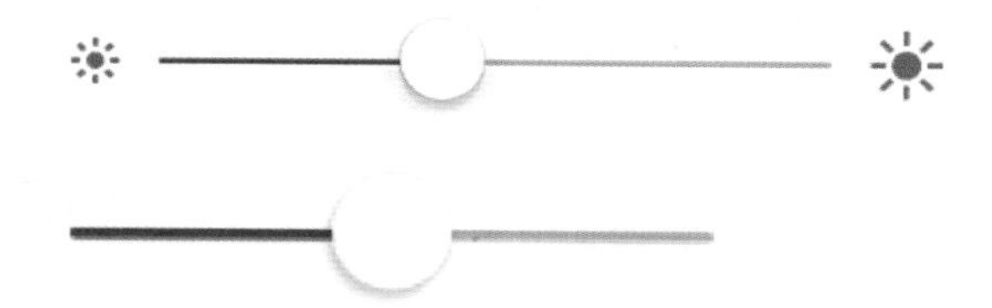

图 30-1 iOS 设备下的滑杆

在 iPhone、iPad 设备上，控制界面将两款滑杆都使用到了，如图 30-2 所示。

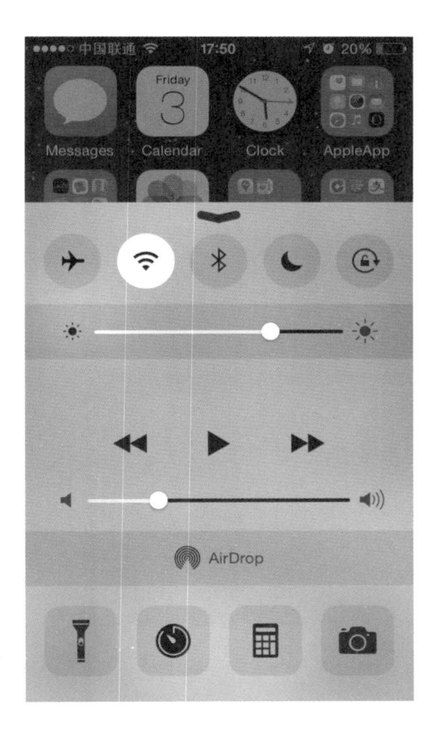

图 30-2 iPhone 滑杆

Android 设备下的滑杆，如图 30-3 所示。

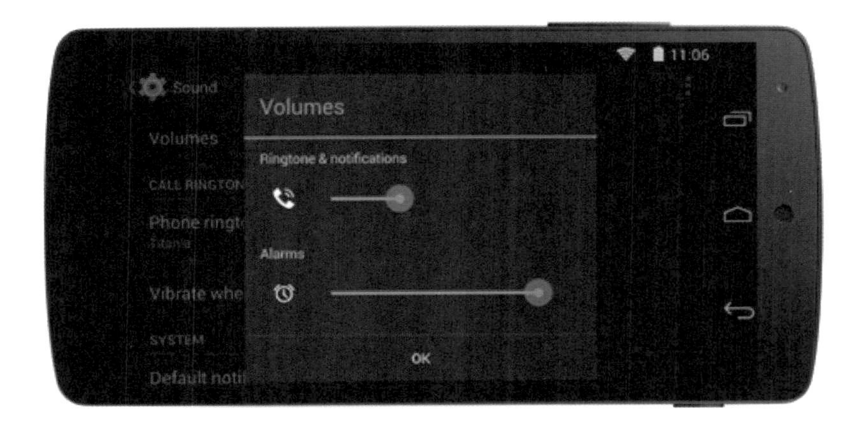

图 30-3 Andorid 设备下的滑杆

Android 设备下其他类型的滑杆，如图 30-4 所示。

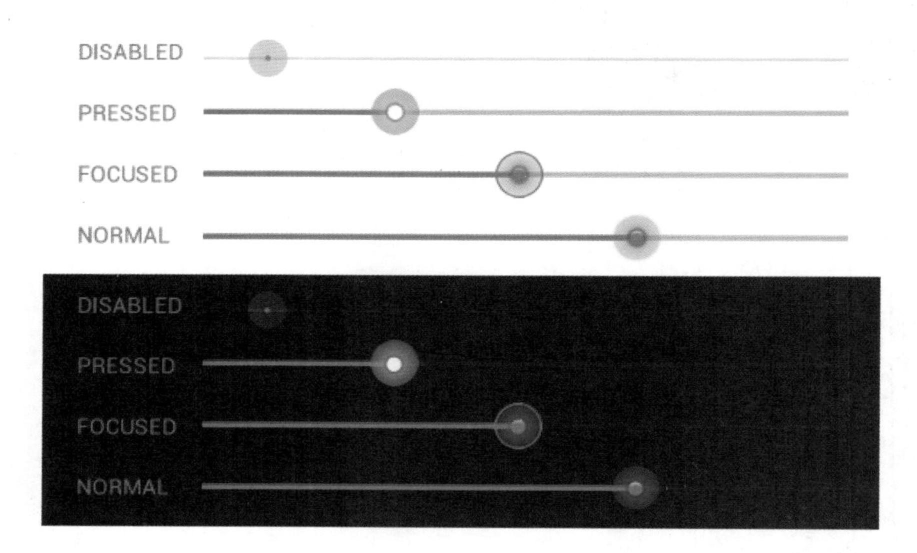

图 30-4 Android 设备下其他类型的滑杆

滑动器由一个水平轨道，用户可以滑动的圆形小控件（Thumb）和两张可选图片（表达左右端值）组成。当用户沿着滑动器拖动圆形小控件，数值和进程就会连续不断地更新，并展示在水平轨道上。

30.2 Sketch 设计

iOS 在视频滑杆上的设计和其他位置的设计略有不同，不过滑杆的应用方式没有什么不一样的地方，笔者会在推荐中给大家放出来。

操作示例，带大家来设计 Pic Tap Go！ 曲形滑杆，效果如图 30-5 所示。

图 30-5 Pic Tap Go！曲形滑杆

这个示例滑杆主要是对钢笔工具、圆形的运用。使用钢笔工具绘制主要的滑杆区域，使用圆形绘制操作控件。

比较难的是滑杆区域的两种状态，一种是未经过区域，另一种是经过区域。那么，我们开始设计吧。

1．设计滑杆。主要是对钢笔工具（快捷键 V）的运用。通过钢笔工具绘制曲线，并在中间添加节点，调整曲率，如图 30-6 所示。

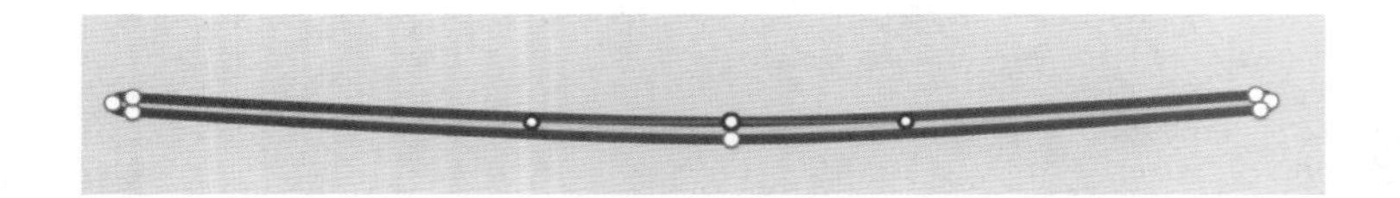

图 30-6 用钢笔工具设计滑杆

2．设置滑杆。填充颜色（颜色代码为：#D8D8D8），设置描边（厚度为：2，颜色代码为：#6C6D72），如图 30-7 所示。

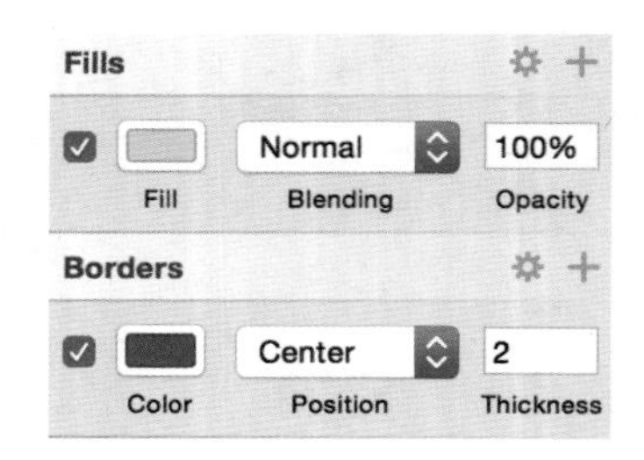

图 30-7 设置滑杆填充和描边

3．设计圆形控件经过实心区域。复制一个上面设计的滑杆，并调整复制的滑杆填充（颜色代码为：#6C6D72），无描边，如图 30-8 所示。

图 30-8 圆形控件经过区域设计

4．设计圆形控件。为圆形工具（快捷键 O）使用。选择圆形工具后，按住 Shift 键，在画板中绘制圆形，调整圆形大小，设置填充（颜色代码为：#FFFFFF）和描边（厚度为：2，颜色代码为：#6C6D72），如图 30-9 所示。

图 30-9 滑杆圆形控件

5．添加界面中其他元素。包括导航栏、背景、图片，以及指示区域。最终的设计效果如图 30-10 所示。

图 30-10 滑杆最终设计效果

30.3 小常识

滑杆可以让用户高精度控制他们所选的值或者当前的进程。如果合适，自定义滑杆的外观。比如你可以遵循以下几点：

1．设置滑动器的宽度使之与 App 的 UI 相匹配。

2．定义圆形小控件（Thumb）的外观，让用户对滑杆的状态一目了然。

3．在滑杆两端提供图片，帮助用户理解滑杆做了什么。通常，这些自定义图片对应滑杆取值范围的最大值和最小值。滑杆可以控制图片尺寸，比如可以在最小值端展示一张小图片，在最大值端展示一张非常大的图片。

4．根据圆形小控件所在的位置（最大值端或者最小值端）和控件所处的状态，为滑杆的水平轨道定义一个不同的外观。

第 31 章 分段选择视图（Segment）

31.1 分段选择视图介绍

分段选择视图是一套分段（Segment）的线性集合，每个分段起到按钮的作用，以显示不同的视图。

iOS 设备中的分段选择视图，如图 31-1 所示。

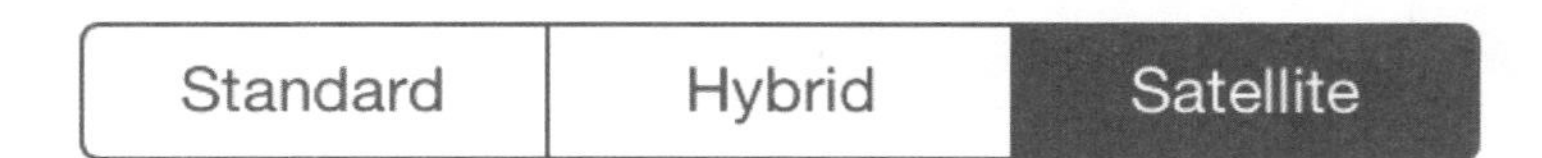

图 31-1 iOS 设备分段选择视图

Android 平台中的分段选择也有模仿 iOS 的趋势，但也有自己的特点，就是扁平化。而在有些 iOS 平台下的应用中，也会看到一些 Android 应用的影子。希望大家以后多注意一下细节。

分段选择有两种状态：选中状态与未选中状态。分段控件的宽度由分段的数量决定，其高度是固定不变的。每个分段的宽度与其数量成比例。当用户点击一个分段，则显

示被选中的状态。

31.2 Sketch 设计

在本章节中不做具体的示例讲解，分段选择视图设计起来很容易。主要是对文本标签和圆角矩形工具的运用。

在具体的应用中，如果你是产品人员，那么一定要判断是不是真的需要分段选择，或是以其他的形式展现。毕竟分段选择大多会在应用导航栏（Navigation Bar）的下方，有些甚至和导航栏结合（其实也是为了节省空间），也有一些会在应用的底部。

不过要注意的是，分段选择和导航栏结合会有一些问题，比如控制区域过小，有些时候触控起来效果不是很好。但如果不在导航栏中，会浪费应用当前界面中的空间。

31.3 小常识

使用分段控件来提供密切相关但又互斥的选项。

确保每个分段控件都易于点击。为了保证每个分段有 44×44 点(points)的可点击区域，需要限制分段的数量。在移动设备上,分段控件的分段数量应少于 5 个。不过也有例外，比如网易新闻客户端，为了最大限度的让用户阅读，采用了可左右划动的分段控制来切换不同的栏目。

尽可能地让每个分段上的文本标签 / 内容长度保持一致。因为分段控件中所有的分段宽度相同，而用宽度不均的文本填充的分段看起来也不是那么美观。

避免在单个分段中混合使用文本和图片。分段控件可以包含文本或图片，单个分段也可以包含文本或者图片，但不能同时包含两者。一般来说，在单个分段控件内，最好避免在一些分段中放置文本，而在其他分段中放置图片。

如果合适，可以自定义分段控件的外观。比如，你可以自定义背景色或者提供自定义图片。如果你提供了一个背景图片，你也可以为分段的选中状态指定不同的背景图片，以及不同分段之间分割（divider）的外观。某些情况下，提供一个可缩放背景图片是个不错的选择。

如果你自定义分段控件的背景外观，你要确保自动居中控件的文本内容或者图片内容看起来合适。

第 32 章
用户界面（User Profiles）

32.1 用户界面介绍

用户界面是与特定用户相关的个人数据的可视化显示，包括用户信息（头像、昵称、性别、个人标签），用户动态（发布文字、图片、视频内容等），好友关系（关注、被关注数量等），增值服务（相册、钱包、表情等）以及设置选项，等等。

用户界面既是用户身份明确的数据化表示，也是一个用户模型的计算机表示。用户界面可以被用来存储人的特征描述，这个信息可以通过考虑用户的特点和偏好，而被展示出来。

32.2 Sketch 设计

参照微信设计个人界面，效果如图 32-1 所示。

分析一下个人中心界面的元素：

- 状态栏
- 导航栏
- 选项卡
- 个人信息（头像、昵称、微信号、二维码）
- 列表视图（相册、收藏、钱包、卡包、表情、设置项目，以及图标）

图 32-1 微信个人中心界面

那么，开始设计吧！

1．新建画板，快捷键 A，设置画板背景色，填充颜色代码为 #EFEFF4。

2．添加状态栏以及导航栏。从 Sketch 自带的 iOS UI 设计模板中复制调整，效果如图 32-2 所示。

图 32-2 个人中心状态栏以及导航栏

3．设计个人信息栏。个人信息栏主要为矩形（设计二维码）、圆角矩形（设计头像）、文本工具（设计昵称、微信号信息）以及 Sketch 内容生成插件使用，设计效果如图 32-3 所示。

郑几块

微信号：Jikuair

图 32-3 个人中心个人信息栏

4．列表视图设计。列表视图设计的难点在于图标设计，图标设计主要是对钢笔工具、曲线、圆形、矩形、直线等工具的运用。

相册图标，主要是对矩形、钢笔工具的运用。

收藏图标，主要是对钢笔工具、图形旋转的运用。

钱包图标，主要是对矩形、曲线，以及圆形工具的运用。

卡包图标，主要是对矩形、曲线的运用。

表情图标，主要是对圆形、曲线的运用。

设置图标，主要是对圆形、直线的运用。

这些工具的具体使用方式，在前面的章节中都有所提及，在这里不一一讲解了。列表视图设计的效果，如图 32-4 所示。

相册

收藏

钱包

卡包

表情

设置

图 32-4 列表视图设计效果

个人中心最终的设计效果，如图 32-5 所示。

图 32-5 个人中心最终设计效果

第 33 章

好友列表（Friend List）

33.1 好友列表介绍

好友列表就是在应用中，通过一定的排列展示好友的界面。好友列表分为主动关注好友列表、被动关注好友列表、相互关注好友列表、评论列表、点赞（喜欢）列表等。

好友列表大多在具有社交、社区功能的应用中存在，比如：IM 应用（QQ、微信、WhatsApp 等）、社区应用（Facebook、Twitter、微博、贴吧等）、图片应用（Nice、Pinterest 等）、视频应用（Vine、微视等）、音乐应用（唱吧、网易云音乐等）。

33.2 Sketch 设计

设计示例中，参照微博客户端关注列表进行设计，如图 33-1 所示。

分析一下微博客户端关注列表结构，主要有：

- 状态栏

- 导航栏

- 搜索栏

- 列表视图。包含群与兴趣主页列表视图、图标，相互关注好友列表视图。

- 好友信息。包括头像、昵称、最新动态，以及相互关注标志。

- 列表索引

图 33-1 微博客户端关注列表

那么，开始设计吧！

1．新建画板，快捷键 A，设置画板背景色，填充颜色代码为 #F2F2F2。

2．添加状态栏和导航栏。从 Sketch 自带的 iOS UI 设计模板中复制调整后，效果如图 33-2 所示。

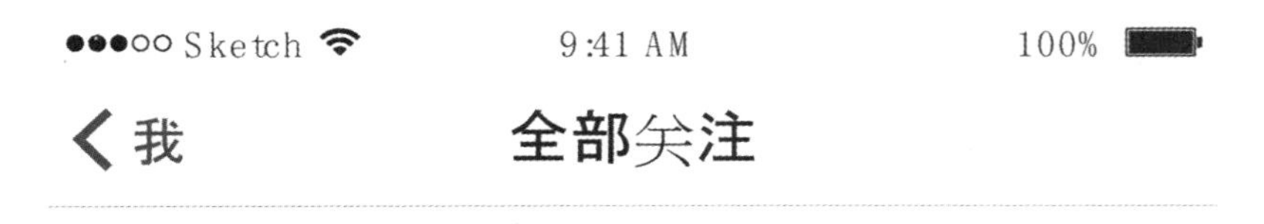

图 33-2 关注列表状态栏和导航栏

3. 添加搜索栏。从 Sketch 自带的 iOS UI 设计模板中复制调整后,效果如图 33-3 所示。

搜全部关注

图 33-3 关注列表搜索栏

4. 设计列表视图第一部分，包括“我的群”与“兴趣主页”，主要有图标以及文字标签。“我的群”图标主要是对矩形、圆形以及节点和曲线的运用。“兴趣主页”图标主要是对矩形、直线、钢笔工具、节点、曲线，以及蒙板的运用。这部分的设计效果，如图 33-4 所示。

我的群

兴趣主页

图 33-4 “我的群”与“兴趣主页”列表视图设计

5. 设计列表视图第二部分，包括头像、昵称、最新动态，以及相互关注标志。头像、昵称、最新动态可以使用 Sketch 自动生成内容插件来完成。相互关注标志是对圆形、节点以及曲线、钢笔工具的运用。设计效果，如图 33-5 所示。

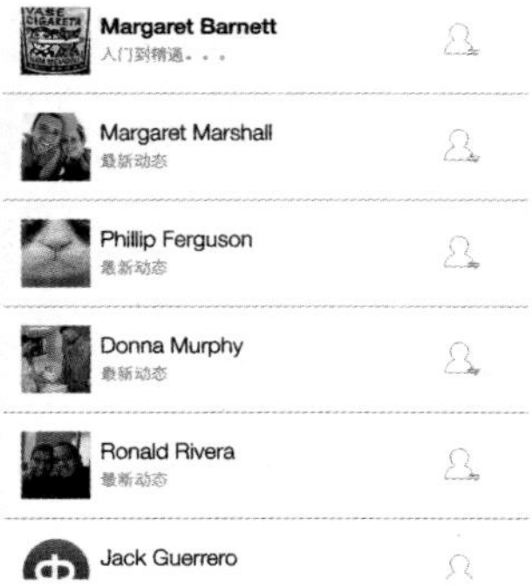

Margaret Barnett
入门到精通。。。
Margaret Marshall
最新动态
Phillip Ferguson
最新动态
Donna Murphy
最新动态
Ronald Rivera
最新动态
Jack Guerrero

图 33-5 相互关注好友列表视图

6. 添加列表索引。从 Sketch 自带的 iOS UI 设计模板中复制调整后，最终的效果如图

33-6 所示。

图 33-6 微博客户端关注列表设计效果

33.3 小常识

好友列表视图其实是对列表视图的扩展应用，设计过程中要考虑列表的排列方式是不是分组，按照字母排列还是按照加入时间先后排列，查看好友的时候有怎样的查看方式等。还要考虑列表视图中用户的信息布局和表现方式，头像形状、位置、昵称位置是否显示最新动态，以及其他信息等。

第 34 章 设置界面（Settings）

34.1 设置界面介绍

设置界面有关应用使用的控制界面，包括账号（个人资料、安全与信息、绑定多账号）、绑定其他第三方账号、消息通知、意见反馈、评分评论、隐私政策、关于应用、退出登录等信息。

一个应用的设置并不是必须的。相对于平台默认应用来说，较多的第三方应用会存在设置界面或者设置选项。比如 iPhone 的备忘录、电话、照片等，就没有设置界面；而微博客户端、微信等就有设置界面。当然，iPhone 在最大程度上简化了设置，针对自带默认应用，将单独的应用设置都集中到了设置（Setting）应用中，进行集中管理和控制。Android 平台比较混乱，但也有相似的设置调整。

进入设置界面的入口大多在个人界面中，在应用顶部或者底部，通过文字标签或者图形引导用户。

34.2 Sketch 设计

设置界面的经典案例应该是 iPhone（如图 34-1 所示），以及 Android 系统下的设置（如图 34-2 所示）。

图 34-1 iPhone 设置

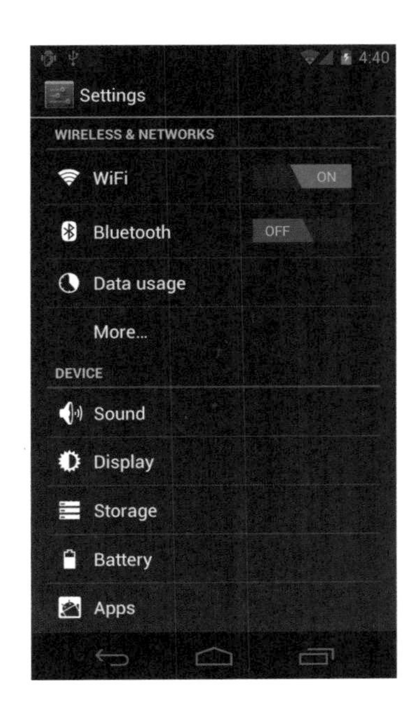

图 34-2 Android 系统下设置界面

我们参考知乎日报应用的设置界面，给大家做设计示例，如图 34-3 所示。

图 34-3 知乎日报设置界面

分析一下知乎日报客户端设置界面结构，主要有：

- 状态栏

- 导航栏

- 个人信息栏

- 设置项列表视图。包括下载、字号、消息、点评分享设置，以及评论、吐槽和其他设置项目。

那么，开始设计吧！

1. 新建画板，快捷键 A，设置画板背景色，填充颜色代码为 #F8F8F8。

2．添加状态栏以及导航栏。从 Sketch 自带的 iOS UI 设计模板中复制调整后，效果如图 34-4 所示。

图 34-4 设置列表状态栏和导航栏

3．设计个人信息栏。主要是对圆形、文字标签，以及钢笔工具的运用，分别设计头像、昵称，以及更多指示器，设计效果如图 34-5 所示。

图 34-5 个人信息栏设计

4．设置项列表设计。设置项列表主要是对文字、圆角矩形和圆形的运用。通过圆角矩形以及圆形设计开关（Switch），设置大小和颜色后，自动离线下载栏的设计效果如图 34-6 所示。

图 34-6 自动离线下载栏设计

5．设置列表中其他项的设计与离线下载栏的设计方式一致，最终的设计效果，如图 34-7 所示。

●●●○○ Sketch 9:41 AM 100%

设置

郑几块

离线自动下载

仅 Wi-Fi 下可用，自动下载最新内容

移动网络部下载图片

大字号

消息推送

点评分享到微博

去好评

去吐槽

清除缓存

检查更新

图 34-7 知乎日报设置界面设计效果

第35章
分享界面（Share）

35.1 分享界面介绍

应用允许用户将内容通过应用内部分享渠道或者第三方渠道，分享到应用内以及第三方平台的方式，由分享方式形成的界面。

目前国内主要的分享渠道有:微博（私信、群），微信（好友、群），QQ（朋友圈、好友、群），短信，邮件分享等。

国外主要的分享渠道有：Twitter、Facebook、Google+、Instagram、Pinterest、LinkedIn、Hangouts、短信、邮件分享等。

当然，有些应用国内外的分享渠道都会用到，不过要根据地方的使用情况，以及相关的法律法规来确定。比较稳妥的办法是通过判断地理位置，自动切换到响应位置的分享方式。

35.2 Sketch 设计

我们以分享到 QQ 空间为例进行讲解。目标效果，如图 35-1 所示。

图 35-1 分享到 QQ 空间

不难看出，这次设计的结构主要为图标以及底部按钮。

设计过程中主要是对 Sketch 中矩形、文本、圆角矩形、钢笔工具和曲线的运用。具体细节，在这里就不展开了。

35.3 小常识

在选择分享渠道的时候，首先要考虑的是产品用户的重叠，产品的用户是不是与分享渠道应用的用户有较大的重叠。

其次考虑，如果用户不安装此应用，那么自己的产品会有怎样的调整策略，比如：隐藏分享方式或者提示安装应用。提示安装应用，在 App Store 的审核中是会被拒绝的，所以要慎重。

再次考虑，分享渠道的排序，即便用户使用你选的几种分享渠道的应用，也要关注使用频率的问题，对其进行一些调研。

第 36 章 图片浏览（Image Browse）

36.1 图片浏览介绍

图片浏览主要是通过图片的形式，展现应用信息。

大家都知道，移动设备因为其屏幕小，而限制了在一屏内展示的内容。但当你在一屏内想展示太多内容的时候，用户获取的成本会增加，反而影响了用户体验。这时候，小屏幕与内容展示就成了一种矛盾。如何调整文字、图片等的视图，也就变得非常重要了。

图片浏览设计考虑的内容主要有：

在产品的哪个界面需要图片浏览?

该界面的图片浏览展现方式是什么样的?

该界面图片浏览的切换方式是什么样的?

36.2 小常识

图片浏览不单单是进行图片浏览的时候才会用到，比如图书、音乐、餐饮、电商产品展示等，都会用到图片浏览展示作品 / 商品等内容。

图片浏览视图的形式大致有以下几种类型：

一列图片，比如 ：Path、Nice 的时间线列表。

两列图片，比如 ：Pinterest。

三列图片，比如 ：微博客户端相册，Nice 的用户界面照片。

四列图片，比如 ：iPhone 相册详情。

一列图片（缩略图）＋文字标题，比如 ：手机 QQ 相册列表，iPhone 相册列表。

一行多列（可左右拖动），比如 ：BBC、百度阅读手机客户端。